能源科技创新蓝皮书

电力规划设计总院　编著

中国电力出版社
CHINA ELECTRIC POWER PRESS

图书在版编目（CIP）数据

能源科技创新蓝皮书 / 电力规划设计总院编著.

北京 ： 中国电力出版社，2025. 8. -- ISBN 978-7-5239-0349-0

Ⅰ. TK01

中国国家版本馆 CIP 数据核字第 2025L6U747 号

出版发行：中国电力出版社

地　　址：北京市东城区北京站西街 19 号（邮政编码 100005）

网　　址：http：//www.cepp.sgcc.com.cn

责任编辑：孙　芳　孙建英　闫柏杞（010-63412381）

责任校对：黄　蓓　郝军燕

装帧设计：郝晓燕

责任印制：吴　迪

印　　刷：北京博海升彩色印刷有限公司

版　　次：2025 年 8 月第一版

印　　次：2025 年 8 月北京第一次印刷

开　　本：787 毫米 ×1092 毫米　16 开本

印　　张：9.25

字　　数：79 千字

印　　数：0001—2000 册

定　　价：90.00 元

编 委 会

主　任　胡　明

副主任　宗孝磊　姜士宏　张　健　刘世宇　何　肇
　　　　刘国斌

编 写 组

主　编　胡　明

副主编　张　健

编　写　徐东杰　董　博　朱泽磊　李浩然　高　琦
　　　　张晋宾　蒋荣安　饶建业　徐英新　李振杰
　　　　王　盾　武　震　王莹莹　周天睿　刘　然
　　　　苗　竹　侯金秀　孟安宁　段　炜　谢　潇
　　　　叶　睿　陈　宜　赵　丹　刘　钊　张彤枫
　　　　王洋洋　宫泽旭　侯孟婧　郑博文　张　盛
　　　　赵云龙　宋　波　许雪荃　张　涵　何梦雪
　　　　齐少凡　陈　洋　姜　山　彭宇菲　杨晓涵

序 言

　　能源是人类社会生存发展的重要物质基础，攸关国计民生和国家战略竞争力。党的十八大以来，习近平总书记站在统领中华民族伟大复兴战略全局和世界百年未有之大变局的高度，统筹国内国际两个大局、发展安全两件大事，把握新一轮科技革命和产业变革深入演进、能源供需版图深度调整、能源系统安全绿色创新发展的深刻趋势，提出"四个革命、一个合作"能源安全新战略，为新时代我国能源发展指明了方向、提供了遵循。党的二十大报告提出要加快规划建设新型能源体系，确保能源安全，对新征程上能源高质量发展作出了新部署、提出了新要求。

　　作为我国能源电力规划设计行业的"国家队"，电力规划设计总院深入学习贯彻习近平总书记重要指示精神，全面贯彻落实党中央决策部署，以"能源智囊、国家智库"为发展愿景，以建设"世界一流能源智库和国际咨询公司"为战略定位，竭诚为政府、行业和社会提供科学求实、客观公正的服务。近年来，先后完成国家"十三五""十四五"能源发展、电力发展、能源科技创新等重大规划研究，承担了新型能源体系和新型电力系统建设等关键问题研究，深度参与能源电力体制改革、全国统一电力市场建设等重要政策支撑，积极参与能源国际合作，为建设清洁低碳、安全高效的能源体系提供了高质量的智库研究支持。

《新型能源体系发展研究蓝皮书》和《能源科技创新蓝皮书》是电力规划设计总院在深入开展新型能源体系研究、能源科技创新研究等工作基础上组织编写的智库产品，对新型能源体系建设关键问题、重点任务和科技创新方向等进行了深入探索，为政府决策和行业发展提供了有益参考。期望电力规划设计总院进一步发挥自身优势，推出更多更好的精品成果，与社会各界共享智慧，共赢发展！

中国能建党委副书记、总经理 倪真

前　言

在碳达峰碳中和战略目标与坚持统筹发展和安全要求下，我国能源发展进入转型发展的关键阶段。当前，能源体系面临新的多重挑战：一方面，能源需求刚性增长与资源环境约束的矛盾日益凸显；另一方面，能源发展对供给安全、低碳转型及技术支撑体系提出更高要求。传统粗放的能源发展方式与路径难以为继、亟待转变，必须依靠科技创新驱动能源体系重构，全面提升能源安全保障水平与绿色低碳发展能力。

为深入贯彻落实国家能源安全新战略和碳达峰碳中和战略部署，电力规划设计总院组织编制了《新型能源体系发展研究蓝皮书》和《能源科技创新蓝皮书》。以《新型能源体系发展研究蓝皮书》提出的构建新型能源体系关键问题为基础，本书确立如下编制思路：一是围绕能源发展安全与科技自立自强，聚焦并剖析构建新型能源体系亟需解决的关键问题，分析科技创新需求；二是从技术支撑能源安全与"双碳"目标实现出发，开展技术预见与系统研判，凝练若干可行性强、影响力大的能源科技创新方向；三是立足构建新型能源体系的总体要求，统筹能源供给侧、储输侧、消费侧各环节，强化能源消费侧降碳技术支撑能力，提出系统性科技创新发展建议。

本书系统性提出了涵盖能源各领域的 200 余项未来能源科技创新方向，全景式绘制了关键技术图谱，为新型能源体系的构建提供坚实支撑。

编者

2025 年 8 月

目　录

序　言

前　言

一、我国能源发展的形势 ································· 1

（一）能源发展的基本格局 ·························· 1

（二）构建新型能源体系亟待解决的问题 ············· 4

二、我国能源科技发展的基础 ····················· 9

（一）能源科技发展的成就 ························· 9

（二）能源科技创新发展面临的挑战 ················ 22

三、构建新型能源体系对科技创新的要求 ········· 25

（一）能源科技创新总体要求 ······················ 25

（二）能源科技创新需求 ·························· 26

四、能源科技创新发展方向 ····················· 32

（一）科技创新助力破解非化石能源大规模供给制约问题 ········· 32

（二）科技创新护航化石能源平稳有序退出 ……………………… 43

（三）科技创新助力解决系统调储能力不足问题 ……………… 52

（四）科技创新助力解决系统能量密度降低问题 ……………… 60

（五）科技创新助力推动化解能源供需逆向分布问题 ………… 66

（六）科技创新助力能源消费侧节能降碳 ……………………… 71

（七）科技创新助力能源多品种互济安全 ……………………… 85

（八）数字化智能化赋能新型能源体系建设 …………………… 87

附表 1 面向未来的能源科技创新图谱 …………………… **93**

附表 2 能源科技创新重点方向 …………………………… **94**

一、我国能源发展的形势

近年来，我国能源体系不断健全、能源供应基础不断夯实，总体呈现出能源消费需求持续增长、能源结构低碳转型加速、能源科技创新愈加活跃、能源数智赋能加速加深的格局，为经济社会高质量发展提供了坚实保障。与此同时，我国能源发展在能源安全与支撑"双碳"目标等方面还面临多重挑战，需解决能源多品种互济安全、化石能源平稳有序退出、非化石能源大规模开发供给制约、电力系统调储能力不足、系统能量密度降低、消费侧节能降碳，以及能源供需逆向分布等一系列问题。

（一）能源发展的基本格局

1. 能源消费需求持续增长

我国是全球最大的能源生产国和消费国。2024年，我国能源生产和消费总量分别达到49.8亿吨和59.6亿吨标准煤，其中煤炭产量、可再生能源发电量、石油天然气产量分别占全球的50%、

40% 以上和 5% 左右，能源消费占全球的约 28%。随着工业化和城镇化的深入推进，能源需求将持续增长，预计 2035 年全国能源消费总量将超过 72 亿吨标准煤，此后进入缓慢增长的"饱和阶段"。到 2060 年，单位 GDP 能耗比当前下降 60% 左右。

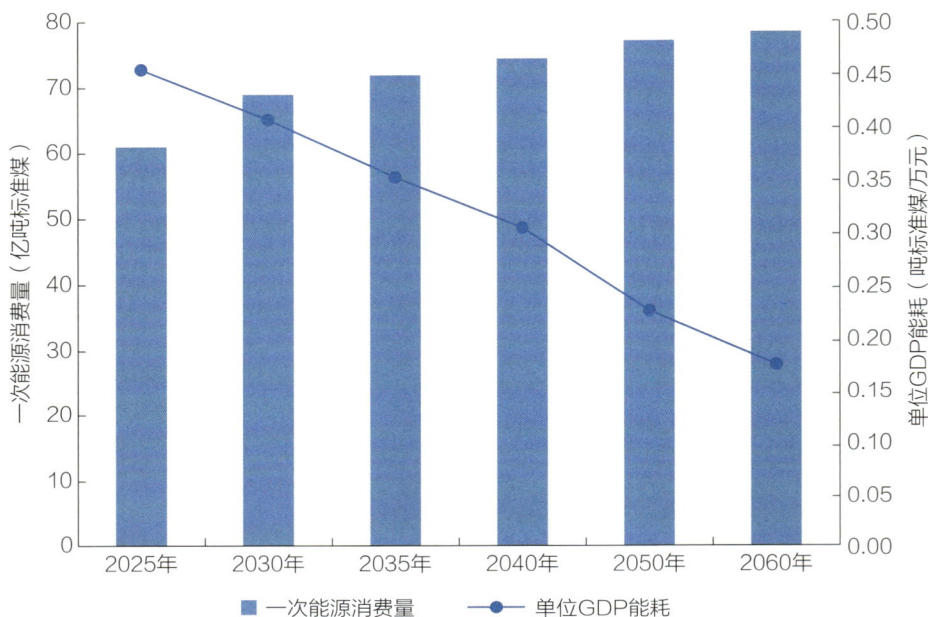

图 1   我国能源消费总量和能耗强度展望

2. 能源结构低碳转型加速

能源活动相关的二氧化碳排放量占我国全社会碳排放总量近 90%，近十年来，我国能源结构持续低碳转型、能源绿色低碳转型取得显著成效。至 2024 年，我国非化石能源发电装机容量达 19.5 亿千瓦，非化石能源消费占比由 12% 提升至 19.8%，煤炭消费占比由 63.7% 降至 57.7%。预计到 2035 年，非化石能源消费比重将提升至 35% 左右；到 2060 年，这一比例将超过 80%，非化石能源成为主体能源。

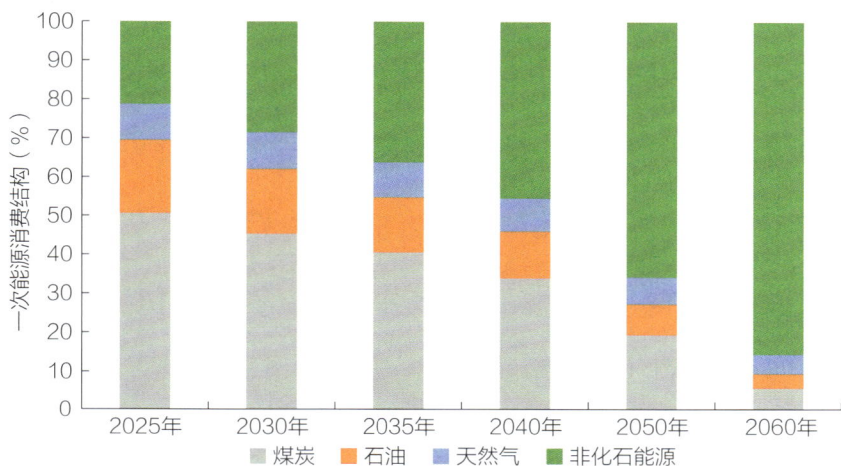

图 2　我国一次能源消费结构展望

3. 能源科技创新愈加活跃

我国能源领域的科技创新活动呈现出全方位、多层级、加速度的态势，新技术、新形态、新模式不断涌现。可再生能源技术持续突破，光伏电池转换效率屡创世界纪录，大型风电机组单机容量不断提升，电化学储能、压缩空气储能等新型储能技术多点开花，氢能与燃料电池技术加速发展，特高压输电技术全球领先，先进高端装备支撑煤炭、油气在非常规资源开发、智能化矿山建设及复杂地质条件下的高效开采取得新突破。能源供给技术进步和用能需求多样化发展，多能源品种灵活转化、耦合发展，电、热、气、氢等各类能源新形态通过技术或市场手段实现高效协同和动态转换。新能源集中开发和分布式就地利用蓬勃发展，能源开发利用模式不断创新。

4. 能源数智赋能加速加深

当前，全球能源革命与人工智能革命交汇演进，数字化智能化技术与能源产业融合加速加深。数字化智能化的快速发展，一方面推动能源生产、供应、储输、消费各环节的信息互联，促进能源供给侧智能预测与高效生产、传输侧供需响应与灵活调度、消费侧个性化服务的系统重构，实现供需互动与智能高效运行；另一方面赋能能源跨品类替代与耦合，支撑构建煤、油、电、热、气、氢等多能协同的综合能源系统。同时，数字化智能化催生能源新业态、新模式，推动能源系统实现高度智慧化建设、运行及维护。

▶ （二）构建新型能源体系亟待解决的问题

1. 能源多品种互济保安全的问题

我国能源资源总体比较丰富，但呈现富煤、贫油、少气、可再生能源丰富的结构差异格局，同时电力、天然气、煤炭等各品种存在区域性时段性供应偏紧问题。因此，打通煤炭、新能源与油气、可持续燃料等之间的转化与替代路径，从而补强并解决油气短板与能源供需时空不平衡问题，实现能源供给和需求多品种互济是确保能源安全的重要途径。在能源供给侧，当前新能源主要用于发电，转化利用路径单一，安全可靠替代能力低、电力系统消纳压力大，迫切需要建立多元融通、灵活转化、互供互保的能源供给体系，增强能源产业链供应链韧性和安全水平。在能源需求侧，氢能有望成为终端碳基能源的关键替代品种，但氢能发展还处于起步阶段，仍面临技术、成本、市场等多重因素制约，需要加快技术装备研发，拓展终端应用场景。

2. 化石能源平稳有序退出的问题

2024 年，我国化石能源消费占比超过 80%，二氧化碳排放约 110 亿吨，即便综合运用农林碳汇、海洋碳汇及碳捕集利用与封存技术，2060 年实现碳中和目标时，能源领域碳排放量仍需控制在 20 亿吨左右。我国从碳达峰到碳中和仅有 30 年过渡期，非化石能源加速替代化石能源成为当务之急。随着新能源大规模接入电网，电力系统将面临低惯量、低阻尼、弱电压支撑等技术挑战，运行稳定性风险显著上升，因此逐步退出的化石能源在保障能源供应安全方面的兜底作用愈发重要，需兼顾减量退出与安全保供。

3. 非化石能源大规模供给面临制约的问题

预计到 2060 年实现碳中和时，我国非化石能源的开发利用规模将增长至当前的6倍左右。为实现这一目标，能源结构转型还存在多重技术性挑战。水电开发方面，我国常规水电资源开发程度已接近70%，后续新增水电将主要集中在西南高海拔、复杂地质地区，开发技术难度显著增加。核电开发方面，目前我国核电项目均集中于沿海地区，尚未在内陆地区实现布局，未来将面临厂址资源和核燃料资源短缺的双重制约。风能和太阳能开发方面，我国风能和太阳能资源丰富，预计到2060年在一次能源结构中的占比将达到50%以上，但风光资源具有能量密度较低且波动性较强的特点，需要占用更多的输变电设备和线路走廊资源。因此，非化石能源大规模开发供给还面临着开发资源、土地空间、波动性等制约问题有待解决。

4. 电力系统调储能力不足的问题

电力系统对调节能力需求大致可分为三个阶段，第一阶段，新能源装机快速增长、发电量占比较小，消纳主要靠传统电源"让路"，系统调节以电力调节为主、电量调节为辅，发电量占比一般不超过20%；第二阶段，新能源装机超过最大负荷，仅靠传统电源"让路"仍不能满足调节需求，需要额外配置大规模储能，系统调节需要以电力、电量调节并重，以满足日内、周内调节的需求；第三阶段，新能源逐步成为主体电源，电量占比接近甚至超过50%，在此情况下，不仅需要日内调节，还需要进行跨月、跨季节的调节，系统调节以电量调节为主，长时储能将成为发展方向。当前，我国新能源装机规模超过16亿千瓦，超过全国最大电力负荷，新能源的快速发展使得电力系统调节能力不足的问题愈发突出。

5. 系统能量密度降低的问题

近年来，随着新能源占比的不断提高，能源系统呈现出"能量低密度化"的发展态势。新能源发电在相同装机规模下，其年利用小时数仅为传统能源的三分之一，意味着从新能源的汇集、输送至供电的整个过程，需要占用更多的输变电容量、线路以及走廊资源。系统"能量低密度化"带来的用能成本上升、土地资源紧张、矿产资源消耗激增等问题需要引起高度重视，迫切需要探索提高能量密度的新能源转化利用方式。

6. 消费侧节能降碳的问题

从用能终端来看，交通、钢铁、水泥、化工等高耗能行业的化石能源消费占比分别为约92%、87%、82%、74%，表明上述领域对化石能源的依赖程度极高，节能降碳压力巨大、能源消费结构亟需优化。我国钢铁行业短流程电弧炉炼钢技术受制于缺乏廉价充足的废钢原料，水泥行业尚缺乏可完全替代当前硅酸盐水泥的新型水泥生产技术，交通行业在远洋航运、航空等领域的降碳技术选择较为有限，能源消费侧节能技术及用能替代技术尚需进一步挖潜。能耗双控向碳排放双控全面转型的大背景下，随着节能技术和电能替代技术的潜力逐渐收窄，边际成本将逐步上升，能效提升的复杂性和难度依然较大。

7. 能源供需逆向分布的问题

我国煤炭、油气、新能源等资源分布主要集中于北方及西部地区，而能源需求主要来自中东部地区，能源资源禀赋和用能需求逆向分布的局面长期存在。未来东中部地区核电、海上风电、新能源等在应开尽开的前提下仍不能满足本地用能需求，能源开发的主战场依然是西部资源丰富地区。从对未来新能源发展及消纳方式的初步分析看，西部地区新能源消纳需依靠西电东送、分布式能源开发和就地消纳并重。一方面，中长期来看，我国"西电东送、北电南送"的总体格局将持续，电力输送规模持续增长，但线路走廊、换流站站址等输电通道建设面临日益严峻的挑战。另一方面，解决"能量密度低"的问题，远距离输电将不再是"唯一解"，应探索"高能量密度"的能源输送方式。

二、我国能源科技发展的基础

党的十八大以来，我国能源行业深入落实创新驱动发展战略，加快关键核心技术攻关，以科技创新应对能源体系变革的挑战，科技自立自强水平持续提升，在能源生产、储输、消费等全链条取得诸多成就。同时，能源发展形势也发生深刻复杂变化，能源科技在部分领域尚存在短板，高质量科技供给和原始创新能力有待提高，数字化智能化支撑能力有待加强。

▶（一）能源科技发展的成就

1. 能源绿色多元供应技术能力不断增强

我国能源供应技术水平不断提高，在可再生能源发电、核电、火电、氢能、煤油气开发等技术与产业应用方面齐头并进，支撑能源供应体系更加多元。

可再生能源发电技术高效化、规模化、多场景应用进步明显。风电整机核心设备和部件已基本具备国产化能力，风电机组单机容量国际领先，陆上和海上机组分别在世界上率先突破 16.2 兆瓦和 26 兆瓦大关。光伏发电系统生产、设计、建设、运维技术总体上处于国际领先水平，晶硅电池量产效率突破 25.5%；钙钛矿光伏技术进入中试阶段，研发水平处于国际第一梯队，产业化进程国际领先。水电领域以重大工程为依托，技术水平总体国际领先，全国产化的百万千瓦水轮发电机组于白鹤滩水电站成功投产，引领世界水电进入百万千瓦机组时代；150 兆瓦冲击式水轮机组实现投产，500 兆瓦冲击式水轮机转轮研制成功。地热直接利用规模多年稳居世界第一，世界首台兆瓦级漂浮式波浪能发电装置并网运行。

图 3　白鹤滩水电站百万千瓦水轮发电机组

　　安全高效核电技术跻身世界前列。成功研制拥有完全自主知识产权的"华龙一号"和"国和一号"两大第三代核电品牌，"华龙一号"实现批量化建设，"国和一号"示范工程建成投产；自主研发建造的全球首个球床模块式高温气冷堆核电站实现商运投产；世界首座2兆瓦钍基熔盐堆试验装置建成运行；多用途模块化小堆"玲龙一号"将成为世界首个陆上商用模块化小堆；我国首台第四代百万千瓦商用快堆CFR1000完成初步设计，"一体化闭式循环先进快堆核能系统"开展前期研发；新一代"人造太阳"中国环流器三号（HL-3）实现原子核温度和电子温度"双亿

图4　第四代高温气冷堆核电站

度"，自主研制的世界首个全超导大型托卡马克实验装置东方超环（EAST）首次完成1亿摄氏度千秒量级高质量燃烧。

火电灵活性提升、能效突破、清洁降碳等技术创新取得重大进展。 我国煤电行业已建立完整的产业链，并持续开展优化提升行动，完成煤电机组"三改联动"，启动新一代煤电技术升级。煤电锅炉、汽轮机、汽轮发电机以及煤电辅机等装备设计及制造技术总体处于世界领先水平，超超临界燃煤发电技术引领世界前沿，大唐郓城630摄氏度超超临界二次再热国家电力示范项目正在建设，红河电厂全球首台700兆瓦超超临界循环流化床机组投运，煤电机组锅炉低负荷稳燃技术、宽负荷脱硝技术等灵活性改造技术实现推广应用；节能降碳技术示范陆续落地，50万吨/年煤电碳捕集与资源化利用示范工程项目实现投产，630兆瓦燃煤机组完成特定工况20%比例掺氨燃烧工业应用。燃气发电装备国产化不断取得突破，国产F级50兆瓦重型燃气轮机G50研制成功并开始商业化推广，"太行"系列等国产化中小型燃气轮机逐步投入工程应用，自主研制的300兆瓦级F级重型燃气轮机首台样机点火成功。

绿色氢能"制储输用"全产业链技术水平快速提升。 电解水制氢技术快速进步，碱性电解水（AWE）制氢技术单体电解槽达到5000标准立方米/小时，保持国际领先水平；质子交换

图 5　300 兆瓦级 F 级重型燃气轮机首台样机

膜（PEM）电解水制氢、高温固体氧化物电解水（SOEC）制氢技术水平持续升级，阴离子交换膜（AEM）电解水制氢技术研发不断突破。高压气态储氢技术应用规模扩大，实现百兆帕级储氢容器工程应用；氢液化技术打破进口垄断，全国首套 5 吨 / 天氢液化装置已投入运行；管道输氢技术实现工程应用，国内首条可掺氢高压长输管道包头—临河输气管道工程投运，乌兰察布—京津冀纯氢管道工程有序推进；多个绿色甲醇生产项目建成投产，我国首个海洋氢氨醇一体化项目建设完工，甲醇燃料汽车、船舶加注应用已开展试点示范应用。氢能全链条综合利用实现新场景应用突破，安徽六安兆瓦级氢能综合利用示范站、浙江台州大陈岛氢能综合利用示范工程、广州南沙小虎岛电氢智慧能源站成功投运，助力打造电氢耦合新模式。

图 6 我国首个固态氢储能加氢站

煤油气开发关键技术装备总体达到国际领先水平。煤矿智能快速掘进成套装备、盾护式掘进机器人等智能化装备的应用助力煤炭开采效率和安全性提升，煤矿 10 米超大采高工作面成功建成投运，全国首套国产 450 米超长智能综采设备投用，开创中厚煤层开采新模式；特大型煤矿全矿井智能化建设关键技术装备投入应用，"智慧绿色矿山"建设不断迈上新台阶，基于矿鸿的煤矿综采工作面智能控制系统投入应用。具备自主知识产权的全球首台陆地用 12000 米特深井自动化钻机成功开钻，陆上油气钻探突破万米大关；大型压裂装备、深水水下生产系统等大量海洋油气开发关键装备实现国产化，支撑油气资源"两深一非一老"（深层、深水、非常规油气及老油田）开发攻坚战向纵深推进。

图 7　全球首台陆地用 12000 米特深井自动化钻机

2. 能源储输与调节技术水平持续提升

我国能源储输调节技术水平持续提升，掌握了世界电压等级最高的特高压输电技术，多元储能技术百花齐放，油气管网技术具备全产业链自主化能力，支撑能源清洁低碳转型与大规

图 8　全球首座 10 万吨级深水半潜式生产储油平台

模新能源开发能力不断增强。

电网技术迭代升级显著增强能源供给韧性和安全保障能力。 全面掌握 1000 千伏交流输电技术、±1100 千伏直流输电技术、±800 千伏特高压多端柔性直流输电技术等大容量远距离输电技术，世界上容量最大、电压等级最高的海上风电柔性直流输电工程顺利并网投产，全球海拔最高的特高压直流输电工程实现全线贯通，1000 千伏气体绝缘金属封闭输电线路（GIL）、±800 千伏柔直穿墙套管等特高压输电关键装备成功实现工程应用。新能源并网主动支撑技术、电网智能调控技术等新型电力系统前沿支撑技术持续进步，为新能源成为新型电力系统的主体电源奠定基础。新一代电力调度系统、智能计量系统、新型电力负荷管理、虚拟电厂、车网互动等源网荷储融合互动发展持续推进。

图 9　±800 千伏胶浸纸直流穿墙套管及换流变阀侧套管

多元储能技术快速发展支撑系统调节能力不断增强。首台400 兆瓦国产化变速抽水蓄能机组完成研制并进入工程应用阶段。锂离子电池单体容量跃升至 500 安时以上，构网型技术进入工程示范阶段；多个 300 兆瓦级压缩空气储能示范项目实现并网；全钒液流电池单体电堆功率突破兆瓦级，吉瓦时级全钒液流电池储能电站投产应用，铁铬、锌溴、水系有机等液流电池技术逐渐迈进工程示范阶段；单体 4 ～ 5 兆瓦级飞轮储能、100 兆瓦时级重力储能、大容量压缩二氧化碳储能、16 兆瓦全超级电容调频储能等逐步实现工程应用；钠离子电池、固态电池等新型电化学储能技术取得重大突破。

图 10　首座 300 兆瓦级压缩空气储能电站

油气储输运技术支撑资源优化配置和互济互保水平显著提升。 油气集输工艺多样化发展，串联管网集输工艺等新型集输技术的规模化应用促进投资和运行成本下降。天然气管道集成式压缩机、管道自动焊接机等关键装备的国产化突破为大输量天然气管道工程建设和运行提供了充分保障。液化天然气（LNG）核心技术持续优化升级，形成全容储罐系列、接收站全生命周期数字化等自主 LNG 核心技术体系，自主研发的 27 万立方米 LNG 储罐成功投用；大型 LNG 运输船产品开发、建造工艺等持续突破。

图 11　全球最大 27 万立方米 LNG 储罐

3. 能源节约与高效利用技术广泛应用

我国坚持节能优先，大力推进节能技术改造以及能源消费结构与方式变革。经过长期努力，节能技术在各行业实现广泛应用，高耗能行业用能替代技术示范应用不断加速，持续推动能源消费向绿色、低碳、高效的方向转型。

能源节约与工艺优化技术在各行业普遍应用。钢铁生产中，长流程炼钢余热回收等节能技术普遍应用，短流程炼钢占比持续提升，吨钢煤耗、吨钢碳排放强度持续下降。水泥生产近 100%

采用新型干法水泥生产技术装备，产能规模、装备水平达到国际先进水平。化工领域各类新型高效催化剂不断涌现，通过调整工艺流程、降低反应温度、热能梯级利用等技术应用，先进产能持续投产，显著降低能耗和碳排放，余热回收技术和智能化能源平衡与优化调度技术在工业生产中获得推广应用。通过持续推动工业及交通节能降碳技术更新改造与高效用能技术应用，我国已经建立起全球具有较高能效水平和先进生产能力的工业体系，交通领域电气化应用与发展水平走在世界前列。

图 12   榆林煤化工能源梯级利用项目

高耗能行业用能替代技术示范应用不断加速。低碳冶金技术路径探索取得新突破，全球首个工业级别 2500 立方米富氢碳循环氧气高炉投运，全球首例 120 万吨氢冶金示范工程一期取得成功，国内首套百万吨级氢基竖炉点火投产。化工行业在光催化剂结构调控及界面反应强化、太阳能光催化技术应用等基础研究方面，从源头上解决了一批行业技术升级的关键难题，化工新材料和高端化学品的新技术不断涌现。交通领域通过转变用能方式，清洁化水平持续提高，电动汽车、氢燃料电池重卡等技术推广范围不断扩大，轨道交通电气化水平全球领先，电动船舶、港口岸电、可持续航空燃料等新技术新模式不断落地应用，民航可持续航空燃料实现规模化生产并投入商业应用。

图 13　2500 立方米富氢碳循环氧气高炉

（二）能源科技创新发展面临的挑战

1. 能源科技创新仍需补短锻长

关键零部件、先进材料、专用软件、精密设备等领域仍存在局部短板。大型风机主轴承、齿轮箱等核心零部件国产化产品可靠性有待进一步应用验证。以大功率绝缘栅双极型晶体管（IGBT）半导体为代表的柔性直流换流阀关键部件和材料、锂电池相关材料及装备、极端环境高精度计量工具等高端基础材料与元器件及相关装备的原创设计、精密加工能力与国外先进水平存在差距。高端电工材料、大功率柔性输变电装备部件运行稳定性可靠性有待提高。风电、太阳能发电等领域多种工业设计、制造、仿真、控制等系统、软件依赖进口。特殊条件井下测控装备、先进地球物理装备等油气生产装备国产化程度较低。

成套装备、关键机理等长板优势深度不足。我国煤电机组灵活性调节能力提升、掺氨（氢）低碳化改造运行等方面尚存在成套装备工程应用问题有待解决，对关键高温部件的损伤机理、氮氧化物超低排放机理等问题尚未认识充分；能源装备跨系统、跨领域的技术集成能力较弱，百兆瓦级重型燃气轮机尚未经过充分工程验证，超高水头超大容量水轮发电机组尚未实现全套自主生产应用。

2. 科技原始创新能力有待提升

能源基础性、前沿性、颠覆性原始技术创新能力不足。化石能源领域的超临界二氧化碳循环发电及深部煤炭原位气化等技术，非化石能源领域的一体化钠冷快堆、可控核聚变、深远海漂浮式风电、高效钙钛矿－晶硅叠层电池量产等技术，新型储能领域的全固态电池及金属空气电池等技术，绿色氢能领域的海水直接制氢及太阳能光解水制氢等技术，电网领域的高温超导输电及大功率无线输电等技术有待进一步提升协同攻关能力，促进技术示范试验和应用推广。

3. 能源数字化智能化转型深度亟待加强

人工智能、数字孪生、物联网等数字技术在能源领域的创新应用场景拓展不足，融合发展仍显薄弱。人工智能技术虽在煤炭油气勘探开采、清洁电力生产、电网智能巡检、新能源场站运维及企业智能客服等场景实现应用，但多数业务仍处于试点验证阶段，行业级规模化推广仍需克服信息安全、极端场景应用稳定性、防止智能化技术误判误操作等技术挑战。数字孪生技术在能源复杂场景中的泛化能力有待验证，能源系统受气象条件多变、资源环境复杂、供需大幅波动等多因素影响，现有模型对突发性事件的动态模拟与响应能力仍显不足。物联网设备在极端高温高压、高盐高湿、高辐射、高腐蚀性等环境中的稳定性与可靠性仍需持续验证。

4. 能源科技支撑"双碳"目标实现能力有待提高

作为"双碳"目标实现的主战场，能源行业转型升级仍存在技术制约。化石能源源头减碳方面，高效煤炭清洁开采与智能洗选技术不够成熟，致使大量伴生资源浪费及低质煤产出；煤炭、油气等开发过程中泄漏的甲烷等温室气体利用缺乏成熟技术。在非化石能源可靠替代方面，太阳能、风能发电等新能源资源潜力大、分布广泛，但间歇性、波动性问题依旧突出，储能技术尚未实现大规模低成本稳定应用，新能源消纳瓶颈迫切。能源消费侧方面，钢铁、水泥、化工、有色、交通、建筑等高耗能行业产业技术体系与能源消费方式、技术深度耦合，清洁能源技术尚无法支撑传统产业生产体系与用能方式快速转型，清洁能源大规模利用仍需通过技术创新降低能源利用成本。能源固碳技术方面，碳捕集、利用与封存技术成本居高不下，地质封存泄漏风险仍存在不确定性风险，大规模商业化应用前景不明。

三、构建新型能源体系对科技创新的要求

党的二十大报告明确部署了加快规划建设新型能源体系的重要任务。为构建新型能源体系，需加强核心技术装备攻关，以科技创新保障能源安全供应和绿色低碳转型，构建能源产－输－储－用全链条全环节科技创新技术体系，助力新型能源体系加快建设。

（一）能源科技创新总体要求

贯彻落实"四个革命、一个合作"能源安全新战略和创新驱动发展战略，统筹能源高质量发展和高水平安全，推动能源科技创新发展。

一是加强能源领域原始创新，筑牢能源科技创新根基和底座。瞄准世界能源科技前沿，适度超前布局，加强能源原创性、颠覆性、基础性前沿技术创新，从源头和底层突破前沿科学问题和关键技术难题，占领未来能源科技和产业发展制高点。

二是强化能源领域关键核心技术攻关，提升能源产业链供应链韧性和安全。补足能源科技自主可控短板，提高能源领域关键技术装备自主化水平；凝练能源发展重大需求，实施一批能源科技项目，推进关键核心技术装备攻关，增加高质量科技供给。

三是推动科技创新和产业创新深度融合，引领能源新质生产力发展。科技创新能够催生新产业、新模式、新动能，是发展新质生产力的核心要素。通过强化科技成果转化应用，推动能源产业绿色化、智能化转型升级，把能源技术及其关联产业培育成带动我国产业升级的新增长点，促进新质生产力培育和发展。

▶ （二）能源科技创新需求

能源科技创新需以支撑建设新型能源体系为主线，重点解决新型能源体系建设过程中亟待解决的若干关键问题，并加快构建清洁高效能源供给、安全可靠能源储运、绿色低碳能源消费、能源数字化智能化等四大技术体系。

1. 构建清洁高效能源供给技术体系

夯实化石能源安全支撑兜底保障作用。提高化石能源安全高效勘探开发能力和转化利用效率，拓宽化石能源综合利用途径，发挥化石能源支撑能源供需调节作用。解决煤炭油气勘探开发高端装备国产化程度较低问题，攻关国产化重型燃气轮机设计制造、智能检测和服役维护技术。

全面提高可再生能源供给保障能力。重点围绕提升生产转化效率和拓宽"沙戈荒"、海上风电等多场景开发应用需求，推动风能、太阳能、生物质能、地热能、海洋能等可再生能源多元化开发利用技术发展。满足后续西南水电开发及抽水蓄能电站建设需求，研究适用于高水头复杂地质地区的水电装备与水电开发施工技术。满足可再生能源开发全链条技术自主可控需求，针对可再生能源开发专用关键材料、零部件及工业设计、制造、仿真、控制等专用软件技术开展攻关。

确保核能安全、高效、可持续利用。破解核燃料资源、沿海核电厂址约束和内陆核电开发及核能综合利用难题，推进三代核电优化迭代与新一代核能系统、可控聚变堆技术研究，开展核能综合利用场景、沿海煤电厂址核电改造利用等研究。满足核电技术自主化要求，解决核电关键设备全国产化及优化技术问题。

加快氢能制储输用技术高效、安全、低成本发展与推广应用。满足氢能产业链国产化技术需求，开展多技术路线绿氢制备技术攻关，促进安全、可靠、经济离网型绿电制氢技术创新。

解决氢能储输国产化高性能关键材料及零部件生产制造难题，促进氢能在更多场景应用。推动氢能在燃料、原料、生产方式的替代与耦合利用，开展绿氢制氨醇技术低成本高效率转化技术攻关。

发挥碳捕集技术对"双碳"目标实现的兜底作用。发挥碳捕集技术在实现碳中和目标中的兜底保障作用，同步发展直接空气捕集、碳捕集技术与化石能源转化及消费耦合利用技术，研究二氧化碳资源化利用技术。

2. 构建安全可靠能源储运技术体系

切实保障能源输运技术能力。为推动煤炭、油气的清洁高效运输，推进大输量油气管输及其减污降碳、资源回收技术攻关，降低资源损失和环境污染；为提高氢基能源高效供应能力，推进大容量地下储氢、长距离大规模输氢管道、高效率低能耗液氢储运、高密度轻质固态氢储运、高效氢氨醇储能综合利用等关键技术研发。

提高电网跨区域电力输送与源荷储调控技术能力。保障电力系统安全稳定运行，研究双高电力系统稳定机理和规划方法，提升电网多时间尺度仿真、智慧调度、稳定控制技术水平，提高电网极端环境、复杂工况应对能力。满足我国大规模新能源开发与长距离、大容量电力输送技术需求，进一步提高国产高端电工材料、大功率柔性输变电装备部件性能和运行稳定性与可靠性。适应大规模新能源接入和消纳送出，开展电网形态柔性化提升，推动源网荷储一体化技术发展。

积极发展各类新型储能技术路线，提高支撑电力系统能力。满足全产业链高性能核心部件国产化需求，提高储能领域国产化材料、精密零部件性能。提高储能本体技术水平及储能与电源侧、电网侧、用户侧互动能力，在电源侧，发展新型储能一体化融合技术，提高新能源发电能量密度；在电网侧，满足削峰填谷、减缓阻塞，提升安全稳定运行水平；在用户侧，发挥储能主动避峰填谷、提高用电可靠性、降低用能成本作用。

3. 构建绿色低碳能源消费技术体系

深挖用能行业节能潜力。我国能源消费总量大，工业、交通、建筑等重点用能领域清洁能源利用水平仍有较大提升潜力，需要推动绿色制造、低碳交通、超低能耗建筑等规模化发展。优化重点行业生产工艺流程，深挖行业自身节能潜力。结合终端电、热、汽、冷等不同形式用能需求，加强能源梯次利用耦合利用创新，在钢铁、化工等行业进一步推广余能余热综合利用等能源梯级利用技术，实现多种用能形式互补的能源梯级利用新模式。加强能源管理体系建设，推动能源消费向精细化、智能化方向发展，提高能源利用效率。

积极开展新型用能技术或生产工艺研究，推动高耗能行业用能方式重塑。工业、交通、建筑等重点耗能行业通过绿电、绿色氢氨醇油、地热等实现用能替代，加快消费结构变革。钢铁行业可以通过新型短流程电炉炼钢实现能源替代，长流程可以通过氢气直接还原实现原料替代；化工行业和水泥行业可通过绿电、绿氢实现能源、原料双替代；交通行业可通过绿电、绿色氢氨醇实现油气替代；建筑行业可通过地热或空气源热泵技术、建筑光伏一体化技术等，实现建筑运行能源节约与用能替代。

4. 构建能源数字化智能化技术体系

加快推动能源基础设施的数字化智能化升级。建设智能电网、智能油气田、智能化煤矿等，促进源网荷储一体化项目、综合能源服务、虚拟电厂、车网互动（V2G）等能源行业新业态、新模式发展，提高能源生产、传输、消费等环节的智能化水平。同时，利用大数据、人工智能、物联网等技术，实现能源系统的智能调度、智能运维、智能管理，提高能源系统的运行效率和可靠性。

加快人工智能等数字化智能化技术赋能能源产业。纵深推进数字化智能化技术与能源全产业链的融合创新。推动能源管网基础设施智能化建设和改造，全面提升能源生产效率、经营效益和绿色低碳发展水平。促进数字化智能化技术与煤炭产业深度融合，实现煤矿井下少人化、无人化开采。推动建设智慧油田、智慧炼厂建设，提升油气开发利用效率和安全生产水平。在能源工程项目中广泛应用数字化设计、数字孪生、智慧施工等技术，实现全环节精细管理、全方位风险预判与全要素智能管控。开展能源大数据多样化创新应用，运用人工智能、大数据等技术深度挖掘能源数据价值，有效支撑全社会碳排放溯源管理。

四、能源科技创新发展方向

面向构建新型能源体系面临的非化石能源大规模供给制约、化石能源平稳有序退出、系统调储能力不足、系统能量密度降低、能源供需逆向分布、消费侧节能降碳、能源多品种互济安全、数字化智能化赋能等关键问题，需要重点发展和积极开展研究的能源科技创新发展方向如下。

▶ （一）科技创新助力破解非化石能源大规模供给制约问题

预计到 2060 年，我国非化石能源开发利用规模将增长至当前的 6 倍左右，非化石能源消费占比由 2024 年的 19.8% 大幅提高至 2060 年的 80% 以上，装机规模达到百亿千瓦级。然而，后续太阳能、风能、水能、核能、生物质能等非化石能源大规模开发均面临土地资源、燃料资源、技术开发条件复杂等不同程度制约。非化石能源发展亟需拓展新场景，研发新技术，并实现开发空间与技术装备可持续发展。

科技创新助力破解非化石能源大规模供给制约，**一是拓展**

非化石能源开发新场景、新空间，研究适应深远海、深地、荒漠、太空等新场景新空间需求下的风、光、水、核、生物质能等非化石能源开发技术；**二是创新非化石能源开发技术**，研究非化石能源开发新技术、新装备；**三是推动非化石能源装备更新与回收利用**，为非化石能源大规模开发需要的空间、物质循环利用提供技术支撑。

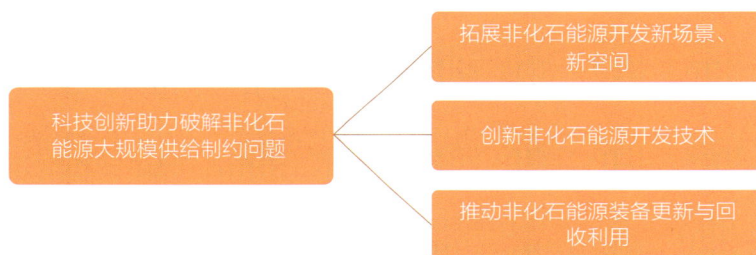

科技创新助力破解非化石能源大规模供给制约问题

拓展非化石能源开发新场景、新空间

创新非化石能源开发技术

推动非化石能源装备更新与回收利用

图 14　科技创新助力破解非化石能源大规模供给制约应对措施

1. 太阳能领域

拓展太阳能开发利用新场景、新空间。当前，太阳能发电主要利用平原、山地、沙戈荒等空间，或结合工业厂房、建筑屋顶等场景，未来需向近海、深远海、太空等新场景、新空间拓展。为开发近海空间太阳能资源，满足沿海地区能源需求，**重点发展**固定桩基式等近海光伏技术❶；为利用深远海太阳能资源，满足深远海设施设备及偏远海岛能源需求，**重点发展**深远

---

❶　各技术详情请参照附表 2，下同。

海漂浮式光伏技术；为超前布局太空能源开发，**积极开展**临近空间太阳能发电技术、天基太阳能发电技术研究。

创新太阳能发电技术。当前，晶硅光伏发电技术是太阳能发电的主流技术路线，正从"效率竞赛"转向提高效率与降低成本并重。为进一步提高太阳能光伏发电效率、降低成本、提高环境友好性等要求，**重点发展**钙钛矿光伏电池优化和组件制造技术、钙钛矿叠层光伏电池和组件制造技术等，实现平米级大面积、高转化效率、低衰减率钙钛矿组件量产，**积极开展**化合物叠层电池技术、量子点太阳能电池技术、有机光伏电池和组件制造技术研究；为发挥太阳能光热技术优势，解决高温材料耐久可靠性等方面存在的问题，**重点发展**先进高效太阳能光热发电技术；提高国产产品性能指标水平和可靠性，**重点发展**真空镀膜设备、高精度短波长激光器等光伏全产业链零部件国产化技术。

推动太阳能发电装备回收循环利用。为满足晶硅光伏组件大规模退役更新需求，摆脱晶硅光伏装备产业"生产－废弃"的线性模式，充分利用现有站址资源，满足环境保护要求，实现资源循环利用与产业可持续发展，**重点发展**退役晶硅光伏组件回收再利用技术等。

太阳能领域

拓展太阳能开发利用新场景、新空间
- 固定桩基式等近海光伏技术
- 深远海漂浮式光伏技术
- 临近空间太阳能发电技术
- 天基太阳能发电技术

创新太阳能发电技术
- 钙钛矿光伏电池优化和组件制造技术
- 钙钛矿叠层光伏电池和组件制造技术
- 化合物叠层电池技术
- 量子点太阳能电池技术
- 有机光伏电池和组件制造技术
- 先进高效太阳能光热发电技术
- 光伏全产业链零部件国产化技术

推动太阳能发电装备回收循环利用
- 退役晶硅光伏组件回收再利用技术

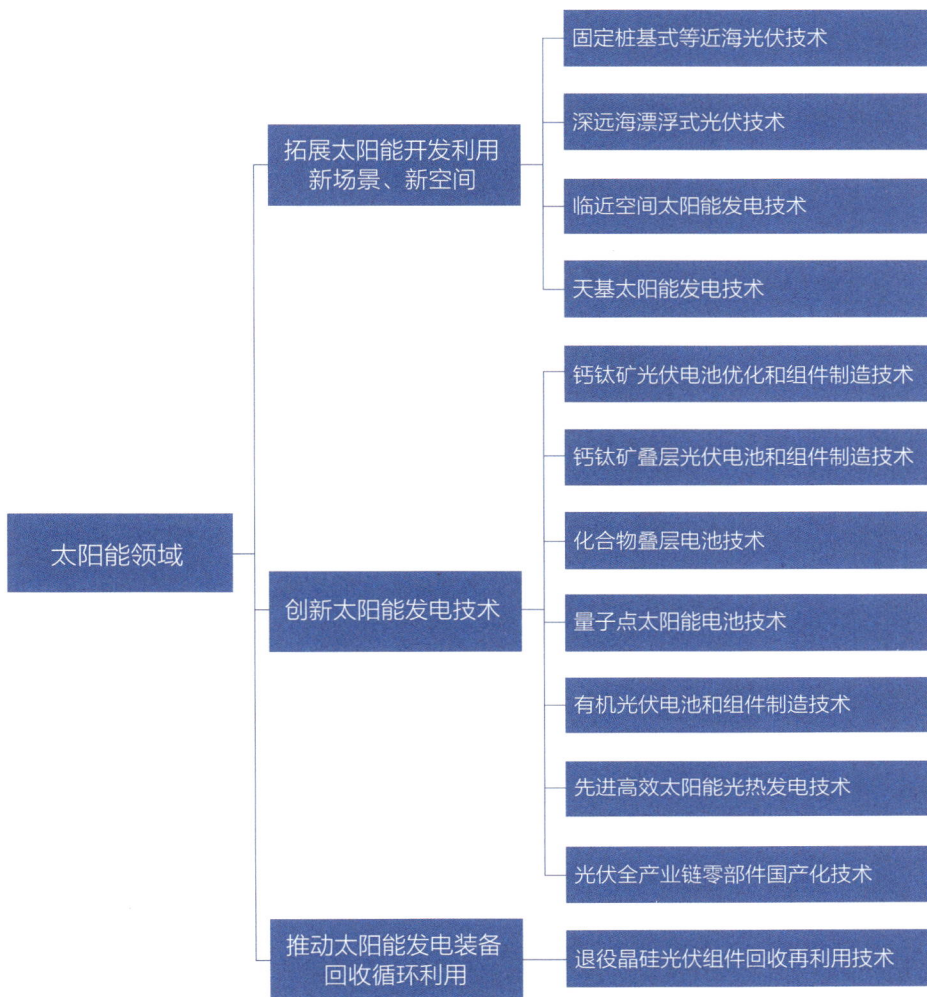

图 15　太阳能领域科技创新重点方向

2. 风电领域

拓展风电开发利用新场景、新空间。当前风电开发主要集中在陆上、近海等风资源开发条件良好的地区，未来风电大规模发展还需进一步向深远海、高海拔等新空间拓展。满足深远海风能资源开发利用需求，**重点发展**深远海漂浮式风电机组及

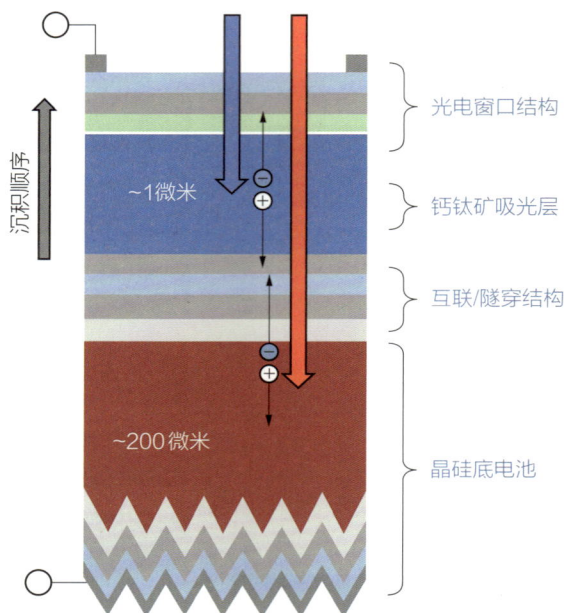

沉积顺序

光电窗口结构

钙钛矿吸光层

~1微米

互联/隧穿结构

晶硅底电池

~200微米

图 16 钙钛矿晶硅叠层电池结构示意图

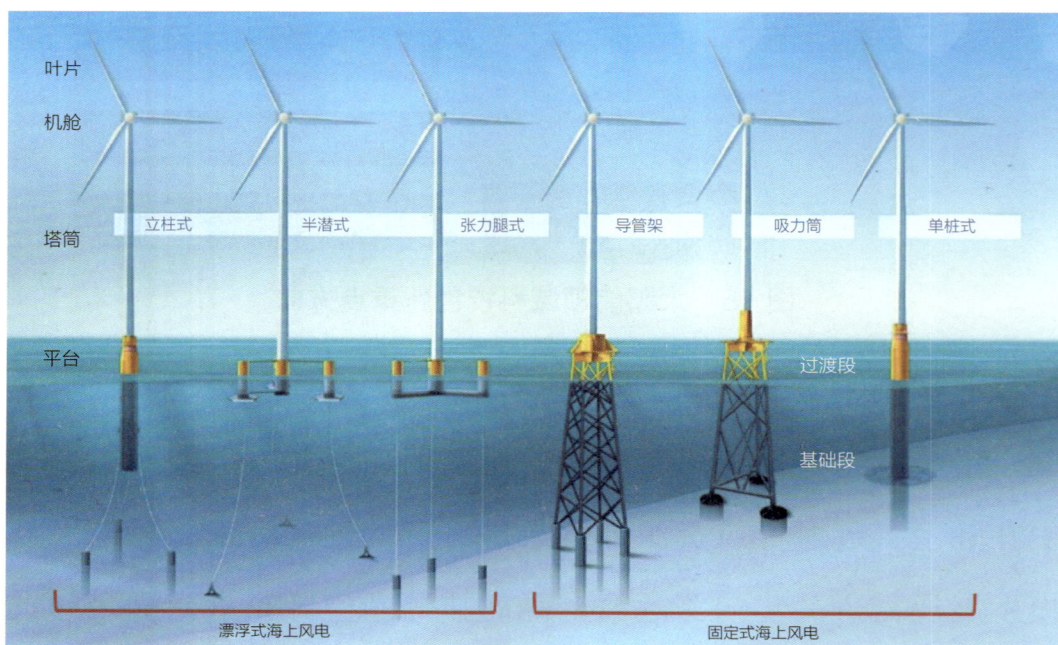

叶片

机舱

塔筒

平台

立柱式

半潜式

张力腿式

导管架

吸力筒

单桩式

过渡段

基础段

漂浮式海上风电

固定式海上风电

图 17 海上风电装备类型

平台装备技术、深远海风电送出技术等；为支撑 2000～5000 米高海拔和 5000 米以上超高海拔地区风电开发，解决叶片覆冰、机组散热等问题，**积极开展**高海拔、超高海拔风电机组研究。

创新风力发电技术。当前新型风力发电技术装备不断涌现。为解决风电机组大型化导致的相关问题，**积极开展**超导风力发电机技术研究；为开发利用高空风能，**积极开展**高空风力发电技术研究；为满足城市及生态敏感区风能开发需求，**积极开展**无叶片风力发电技术等研究。为满足风电领域重大技术装备自主创新需求，**重点发展**大型风电机组主轴承、增速齿轮箱轴承、

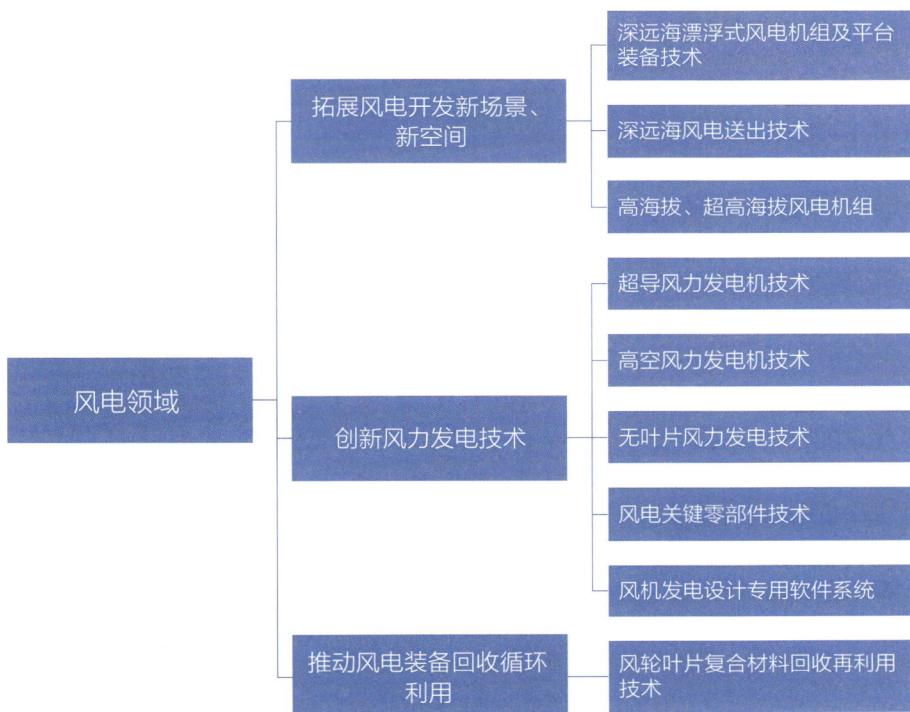

图 18　风电领域科技创新重点方向

变流器和控制器的功率器件等风电关键零部件技术、风力发电设计专用软件系统等。

推动风电装备回收循环利用。我国即将迎来风电装备退役的高峰，为解决风电装备尤其是风轮叶片回收、处置、再利用难题，避免重金属污染与资源浪费，实现资源循环利用与产业可持续发展，**重点发展**风轮叶片复合材料回收再利用技术等。

3. 水电领域

拓展水电开发利用新场景、新空间。我国常规水电资源开发程度已接近 70%，未来水电开发需重点面向西南高海拔、复杂地质等非常规水电资源地区。为满足我国西南地区高海拔、高水头、高边坡、高烈度水电资源开发需求，突破水电开发装备限制，**重点发展**千米级水头大容量冲击式水轮机组技术、串珠式梯级电站协同运行技术等；为满足高海拔复杂地质地区水

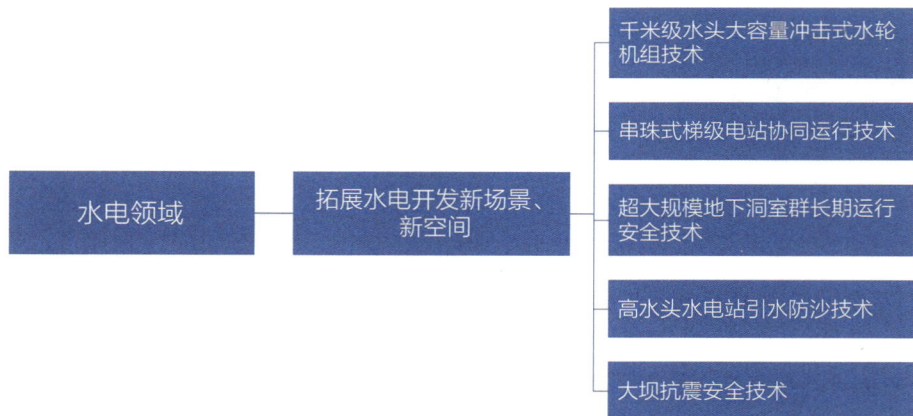

图 19   水电领域科技创新重点方向

电开发施工需求，**重点发展**超大规模地下洞室群长期运行安全技术、高水头水电站引水防沙技术、大坝抗震安全技术等。

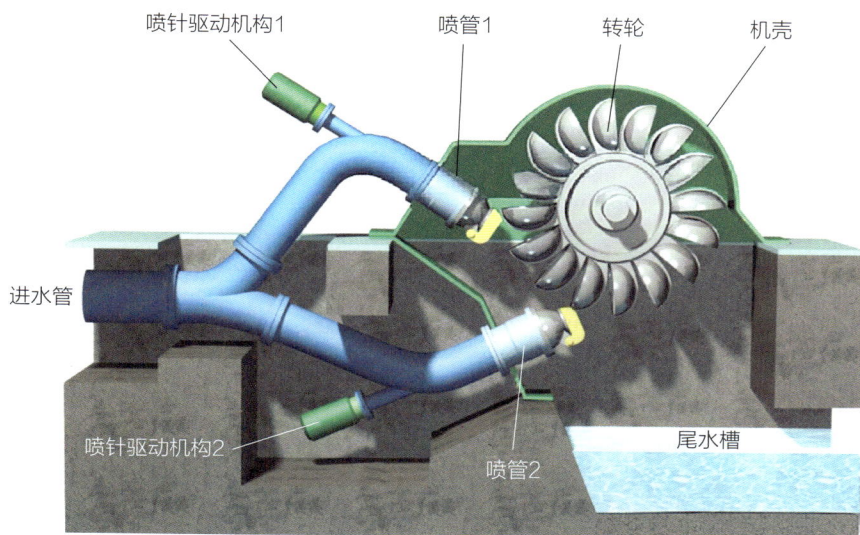

图 20　冲击式水轮机组原理图

4. 核能领域

拓展核能利用新场景、新空间。模块化小型堆应用场景广阔，为提高核能利用灵活性与适应性，**重点发展**小型模块化反应堆技术；拓宽核能在供汽、供热、海水淡化、制氢等场景应用，**重点发展**核能多用途利用技术；为进一步拓展核电厂址资源，**积极发展**内陆厂址适应性提升技术。

创新核能发电及利用技术。为进一步提高核电安全性，**重点发展**华龙一号、国和一号等三代核电关键支撑与优化迭代技术，实现核级泵、阀等关键核电装备的全面自主化；为提高核电站固有安全性水平，**重点发展**（超）高温气冷堆技术、钍基熔盐堆技术；为满足千年尺度核燃料需求和核废料减量化目标，**重点发展**钠冷快堆技术、铅冷快堆技术等核能发电技术；为解决人类长期能源需求和能源温室气体排放问题，实现万年尺度核能利用，**重点发展**可控核聚变技术等先进核能发电技术。

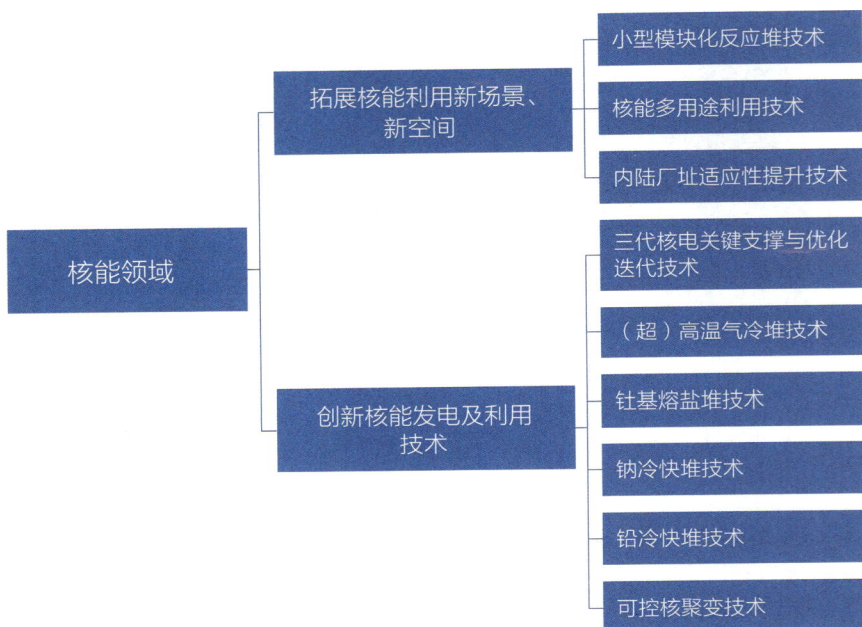

核能领域
- 拓展核能利用新场景、新空间
  - 小型模块化反应堆技术
  - 核能多用途利用技术
  - 内陆厂址适应性提升技术
- 创新核能发电及利用技术
  - 三代核电关键支撑与优化迭代技术
  - （超）高温气冷堆技术
  - 钍基熔盐堆技术
  - 钠冷快堆技术
  - 铅冷快堆技术
  - 可控核聚变技术

图 21　核电领域科技创新重点方向

5. 其他非化石能源领域

生物质能领域。我国生物质资源总量大、分布广泛，未来还需拓宽利用方式、降低利用成本。为提高木质纤维素等生物质可利用率、支撑部分能源消费侧行业对绿色燃料的需求，**重点发展**生物质气化及制备燃料乙醇技术、生物质直接利用二氧

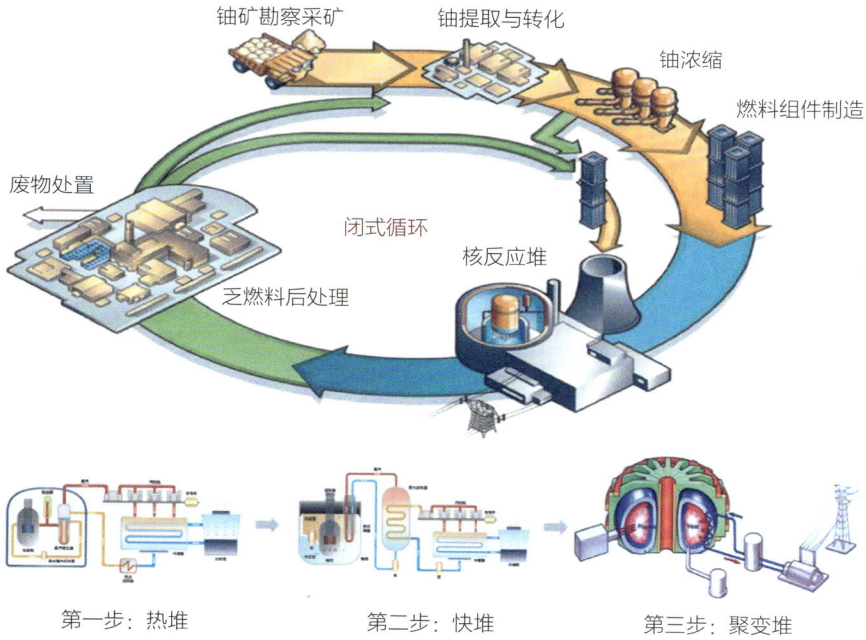

铀矿勘察采矿　铀提取与转化

铀浓缩

燃料组件制造

废物处置

闭式循环

核反应堆

乏燃料后处理

第一步：热堆　第二步：快堆　第三步：聚变堆

图22　核燃料闭式循环和我国核能"三步走"发展战略示意图

化碳合成高碳醇技术等。

地热能领域。地热能分布广泛、资源丰富、稳定性强，但能量密度低，当前我国中低温地热直接利用已经颇具规模，高温地热能资源利用不足。为掌握地热能资源开发条件，提高地热能利用效率和对传统能源替代能力，**重点发展**干热岩等深部地热能大规模勘探开发技术、中低温地热利用技术等地热能综合利用技术。

海洋能领域。海洋能资源总量大、分布广，但能量转化效率低、开发环境恶劣、开发利用难、装备可靠性差。为支撑深远海设施设备及偏远海岛能源需求、增强沿海地区能源自给能力，**重点发展**兆瓦级及以上大容量波浪能、潮流能装备技术，**积极开展**海洋温差能技术、海洋盐差能技术。

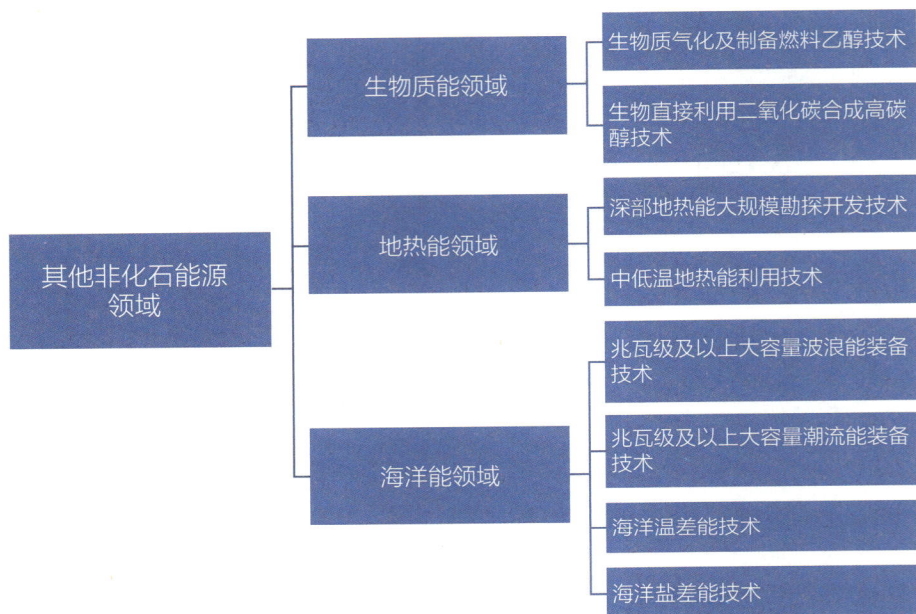

图 23　其他非化石能源领域科技创新重点方向

图 24　桩柱式潮流能双向发电及测试系统成套装备

▶（二）科技创新护航化石能源平稳有序退出

碳中和目标下，我国化石能源消费占比将由当前的约 80% 大幅下降至 2060 年的 20% 以下。为实现化石能源平稳有序退出，一方面需提高非化石能源供给保障和对化石能源的替代能力，另一方面需同时确保发挥化石能源保障能源安全的兜底作用，并提高化石能源的清洁低碳技术水平。

科技创新护航化石能源平稳有序退出，**一是发展非化石能源安全可靠替代技术**，提升非化石能源安全保供能力，开展新能源友好电站和一体化调控等技术研究；**二是发展化石能源转型创新技术**，研究新一代煤电技术、先进燃气轮机技术和煤炭安全绿色生产技术、油气智能高效绿色开发技术等，提高化石能源利用及供给保障技术水平。

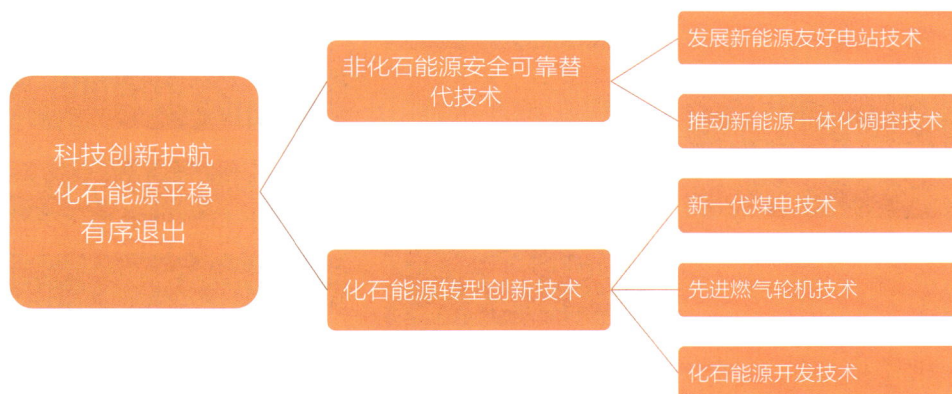

图 25　科技创新护航化石能源平稳有序退出应对措施

1. 非化石能源安全可靠替代技术

发展新能源友好电站技术。新能源与储能等资源协同是提升新能源安全可靠替代的可行路径，未来需提升新能源电站的电网主动支撑、智能高效运维等能力。提升高比例新能源接入场景下电网电压、频率稳定的主动支撑能力，**重点发展**虚拟同步机（VSG）等构网型控制技术；加强电站高效运维和通信保障，**重点发展**设备状态监测与故障诊断技术、新能源电站高速可信通信网络技术。

推动新能源电站一体化调控技术。新能源一体化调控技术是实现新能源友好电站、多能互补安全稳定运行的关键支撑。提升一体化调控水平，高效调配风电、光伏、储能等各类资源，

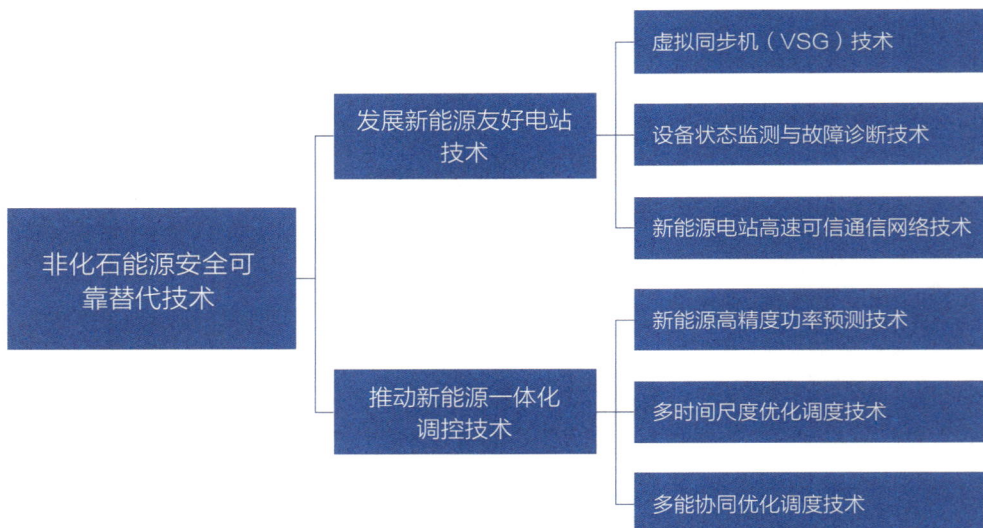

图 26　非化石能源安全可靠替代领域科技创新重点方向

实现协同高效运行，**重点发展**新能源高精度功率预测技术、多时间尺度优化调度技术、多能协同优化调度技术。

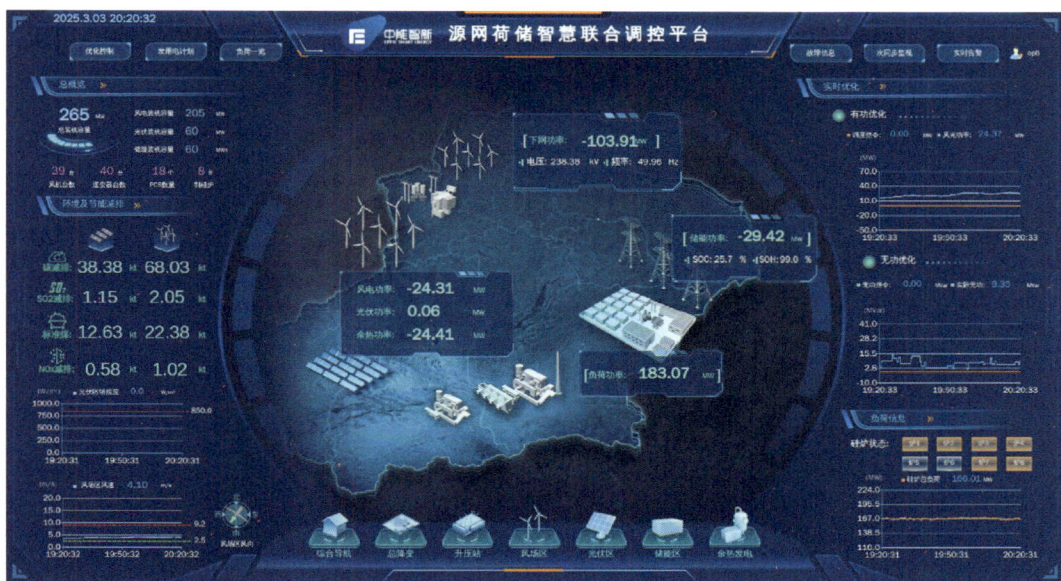

图 27　源网荷储智慧联合调控平台

2. 化石能源转型创新技术

（1）新一代煤电技术。

当前，我国煤电成功攻克了一系列清洁高效、灵活调节、安全智能、综合利用等关键技术和重大装备，并成功投运了一批示范工程，为支撑能源转型奠定了坚实的技术基础。但仍存在机组频繁调节影响安全高效运行、低碳化煤电技术运行成本高等重大挑战，未来需构建清洁低碳、安全可靠、高效调节、智能运行的**新一代煤电技术装备体系**，推动煤电产业转型升级，助力构建新型电力系统。

煤电清洁低碳技术。当前，煤电机组降碳主要通过提高机组能效，实现减少机组碳排放，未来需在此基础上进一步推广应用掺烧低碳零碳燃料和碳捕集等降碳技术。提高煤电机组深度减排能力，满足"双碳"目标需求，**重点发展**煤电燃烧后低能耗碳捕集关键装备与系统集成技术，**积极开展**煤电机组富氧燃烧技术、化学链燃烧技术研究；通过耦合利用绿色燃料实现煤电机组低碳燃烧运行，**积极开展**生物质掺烧技术、绿氢（氨）掺烧技术研究。

煤电安全高效运行技术。提高煤电机组运行智能化，实现煤电安全高效生产，**重点发展**煤电数字化基础软硬件技术、煤电机组全负荷调节自动控制技术、煤电机组关键设备运行安全检测、寿命损耗评估和风险预警技术；拓展煤电利用新方式新场景，**积极开展**超临界二氧化碳及复合工质循环发电技术、整体煤气化燃料电池（IGFC）发电技术研究。

（2）先进燃气轮机技术。

当前，我国大型燃气轮机主要依赖进口，国内燃气轮机设计和制造体系尚未成熟，支撑产品升级换代的持续创新能力不足，未来需突破中小型及重型燃气轮机自主化研制，提升自主燃气轮机技术性能及可靠性。提升大型燃气轮机国产化水平，

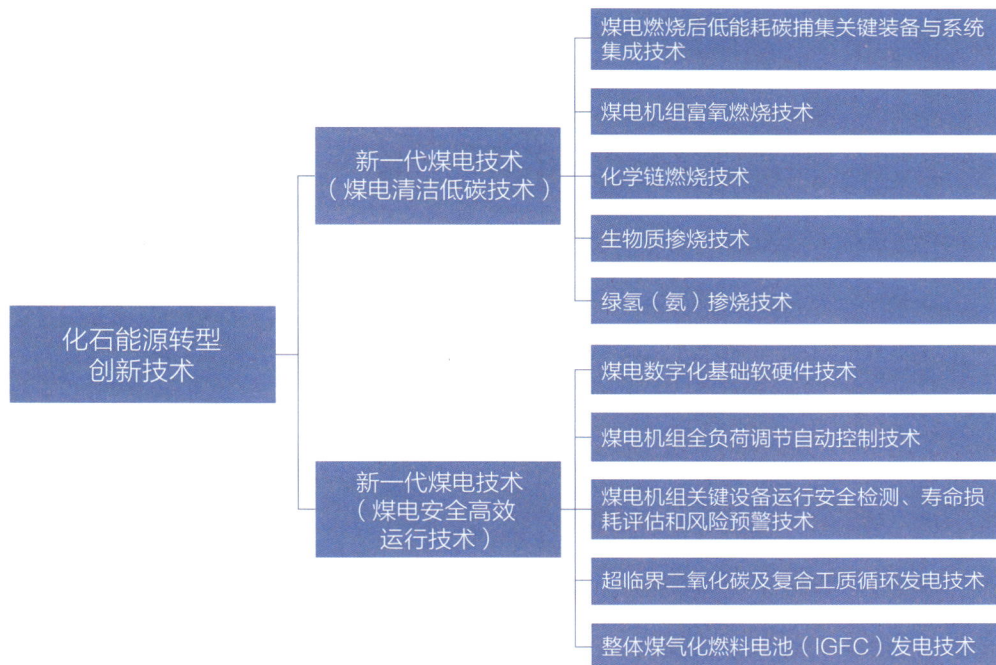

图 28　新一代煤电技术领域科技创新重点方向

图 29　燃煤电厂百万吨碳捕集项目效果图

实现 H 级及以上重型燃气轮机的国产化研制，**重点发展**燃气轮机整体自主设计技术、重型燃气轮机热端部件制造技术、燃气轮机全过程灵活控制技术；提升燃气轮机服役维护水平，满足现役机组安全稳定运行需求，**重点发展**燃气轮机状态监测及故障诊断技术、燃气轮机高温部件修复技术；提升燃气轮机高效低碳运行能力，**重点发展**燃气轮机大比例掺氢（氨）燃烧技术，**积极开展**纯氢燃气轮机技术研究。

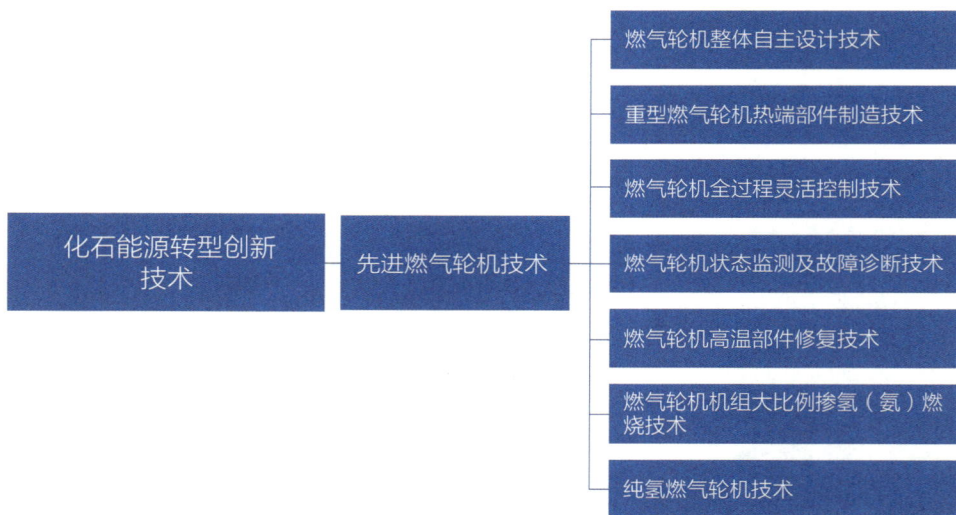

图 30   先进燃气轮机领域科技创新重点方向

（3）化石能源开发技术。

推动煤炭安全绿色开发。当前，煤炭开发主要集中于"三西"地区等资源富集区的深部井工场景和"蒙疆"露天开采场景，面临煤炭富集区域生态脆弱、超千米深井潜在资源开发条件恶化、露天煤矿开采工艺装备国产化率低等挑战，未来需促进煤炭产业与人工智能、数字技术等新一代信息技术融合发展，加速煤炭开采向智能绿色低碳发展升级。降低煤炭开采甲烷排放，满足煤矿安全、降碳和资源利用需求，**重点发展**低浓度煤层气（瓦斯）利用及乏风近零排放技术；充分利用煤矿伴生资源，推动矿区生态修复与固废资源循环利用，**重点发展**煤矸石规模化无害化高值化利用技术，**积极开展**煤炭及共伴生资源综合开发技术研究；实现深层煤矿开采风险超前识别，满足深部煤炭开采灾害防治"主动防控"转型需求，**重点发展**深井瓦斯风险原位随钻探测技术，**积极开展**深地空间可控成形与复合灾害一体化防控技术研究；改善煤炭开采健康环境，响应国家健康战略与"以人为本"发展思想，**重点发展**矿井智能控尘与净化技术；提升露天煤矿核心装备国产化水平和性能，**重点发展**连续、半连续工艺大型核心装备关键技术；提高露天煤矿资源回收率，**积极开展**露－井联合开采及压覆资源安全高效回收技术研究；提高原煤入选比例和用煤品质，**重点发展**煤炭高精度智能分选技术。

推动油气智能高效绿色开发。当前，我国陆上常规油气勘探开发与老油田提高采收率技术全球领跑，但我国对未来油气勘探开发主战场——"两深一非一老"领域的理论认识仍然不

化石能源转型创新技术

- 推动煤炭安全绿色开发
  - 低浓度煤层气（瓦斯）利用及乏风近零排放技术
  - 煤矸石规模化无害化高值化利用技术
  - 煤炭及共伴生资源综合开发技术
  - 深井瓦斯风险原位随钻探测技术
  - 深地空间可控成形与复合灾害一体化防控技术
  - 矿井智能控尘与净化技术
  - 连续、半连续工艺大型核心装备关键技术
  - 露–井联合开采及压覆资源安全高效回收技术
  - 煤炭高精度智能分选技术

- 推动油气智能高效绿色开发
  - 万米深井智能钻机与超高压井口装备技术
  - 千米级单点系泊系统关键技术及装置
  - 1500米以上水下油气生产技术及成套装备与系统研发
  - 纳米材料协同二氧化碳驱油与埋存开采页岩油气技术
  - 深层煤岩气超密缝网压裂技术
  - 中低熟页岩油原位转化开采等前瞻性技术
  - 特高含水油藏提高采收率技术
  - 纳米智能驱油提高原油采收率极限技术

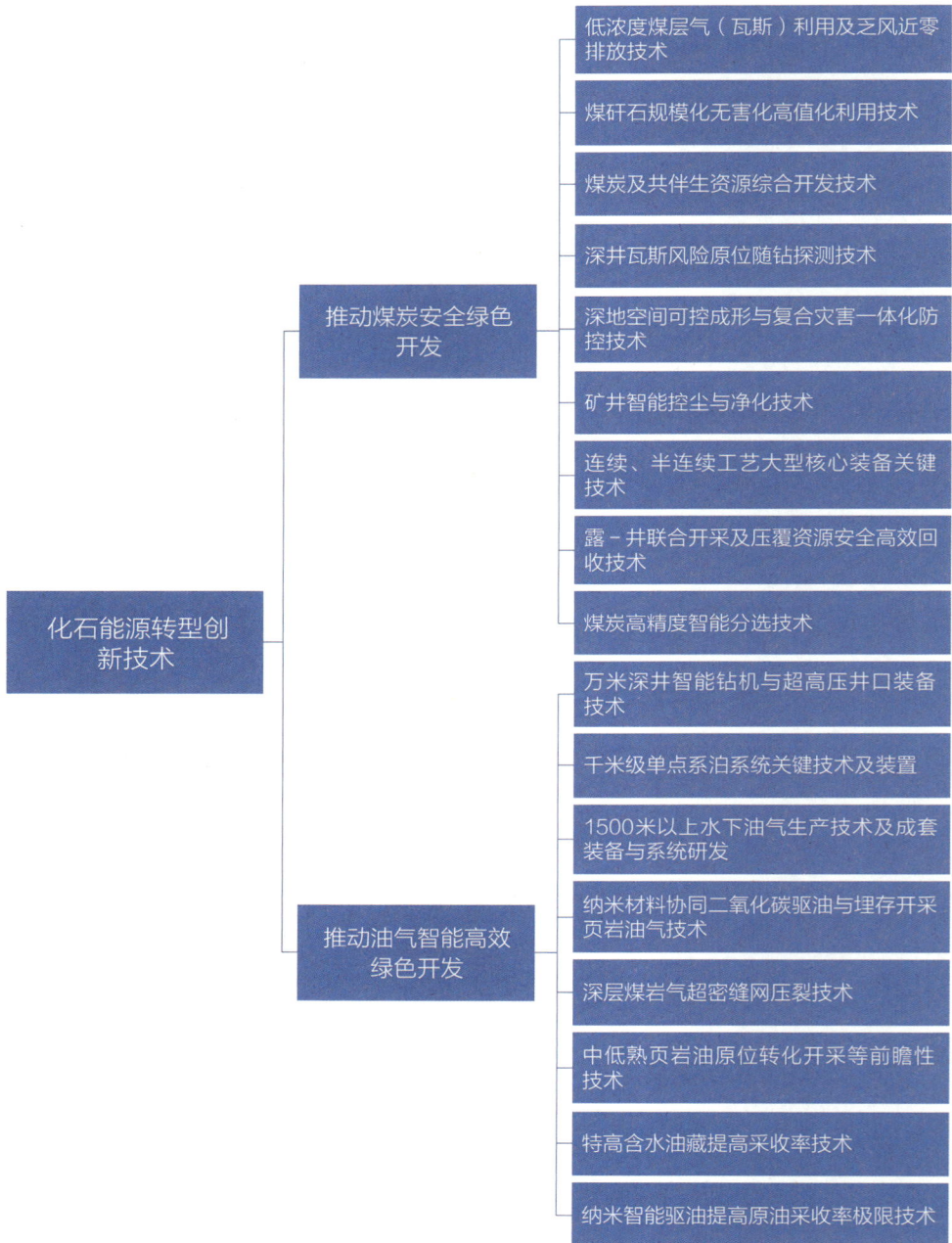

图 31　煤炭与油气领域科技创新重点方向

足，部分核心装备长期依赖进口，未来需围绕深层、深水、非常规和老油气田增储上产主战场，聚焦全油气系统理论构建和关键核心技术装备提档升级，全力保障油气安全供应。加大陆上深层、超深层油气资源勘探开发力度，**重点发展**万米深井智能钻机与超高压井口装备技术；强化海洋深水油气资源开发利用，**重点发展**千米级单点系泊系统关键技术及装置、1500 米以上水下油气生产技术及成套装备与系统研发；加大非常规油气资源勘探开发，**重点发展**纳米材料协同二氧化碳驱油与埋存开采页岩油气技术、深层煤岩气超密缝网压裂技术，**积极开展**中低熟页岩油原位转化开采等前瞻性技术研究；持续提高现有油气田采收率，**重点发展**特高含水油藏提高采收率技术，**积极开展**纳米智能驱油提高原油采收率极限技术研究。

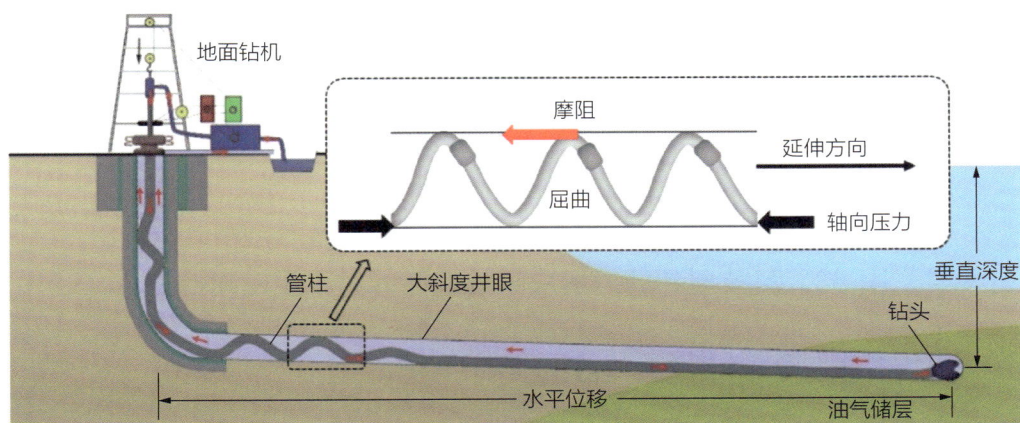

图 32　油气田大位移定向钻井示意图

▶（三）科技创新助力解决系统调储能力不足问题

随着未来风光发电逐步成为主体电源，需要从日内负荷调节到跨月、跨季节的电量调节，对系统调储能力和需求场景提出了更高要求，须从传统电源、各类储能、供需响应等方面，挖掘系统调储能力。

科技创新助力支撑解决系统调储能力不足问题，**一是发挥传统电源灵活支撑保障作用**，重点提升火电深度调峰、快速启停和灵活调节能力，进一步挖掘水电、核电调节潜力；**二是持续提高各类储能技术容量与效率**，满足不同时间尺度及场景的调节需求；**三是提高供需响应调节能力**，充分调动源网荷储各环节的灵活响应资源。

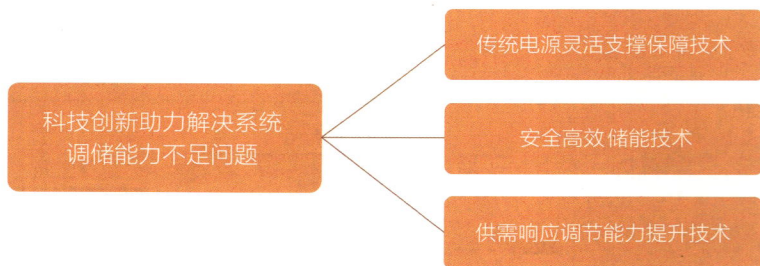

图 33　科技创新助力解决系统调储能力不足应对措施

1. 传统电源灵活支撑保障技术

新一代煤电高效调节技术。当前，火电主要通过灵活性改造等方式，现役煤电机组最小发电出力达到 25% ~ 40% 额定负荷，变负荷速率达到 0.8% ～ 2.5% 额定功率 / 分钟，未来需向 20% 负荷及更低深度调峰、4% 以上变负荷速率和具备启停调峰能力等方向进一步发展。提升煤电机组深度调峰与快速调节能力，**重点发展**锅炉超低负荷稳燃技术、煤电机组变负荷协调控制技术，**积极开展**煤电机组耦合储热（能）灵活发电技术研究；提升煤电机组快速启停能力，增强煤电机组对系统的兜底保障和支撑调节能力，**重点发展**煤电机组自启停控制技术。

水电灵活调节技术。当前，我国部分水电已达到分钟级启停水平，具备快速爬坡和日 / 月 / 季多时间尺度调节能力，未来需通过技术升级、系统协同，进一步挖掘水电灵活调节能力。提高水电机组宽负荷工况下安全运行能力，解决宽负荷区间快速调节下的振动 / 空蚀损伤问题，**重点发展**水电机组宽负荷瞬态控制技术；提升跨流域梯级水电资源优化配置能力，**重点发展**跨流域水电站群协同调度运行技术、梯级水电智能调度运行技术。

核电调节技术。当前，核电在功率运行工况下反应堆热功率可调节范围可达 2% ～ 100%，但频繁调峰会在一定程度上降低核电运行经济性，影响机组运行安全性和可靠性。利用核能高品质热能资源，**积极开展**核能 - 高温储热系统耦合技术研究。

```
                                          ┌─ 锅炉超低负荷稳燃技术

                         新一代煤电高效      ├─ 煤电机组变负荷协调控制技术
                         调节技术           │
                                          ├─ 煤电机组耦合储热（能）灵活发电
                                          │   技术
                                          │
                                          └─ 煤电机组自启停控制技术
    传统电源灵活支
    撑保障技术                            ┌─ 水电机组宽负荷瞬态控制技术

                         水电灵活调节        ├─ 跨流域水电站群协同调度运行技术
                         技术              │
                                          └─ 梯级水电智能调度运行技术

                         核电调节技术 ─── 核电－高温储热系统耦合技术
```

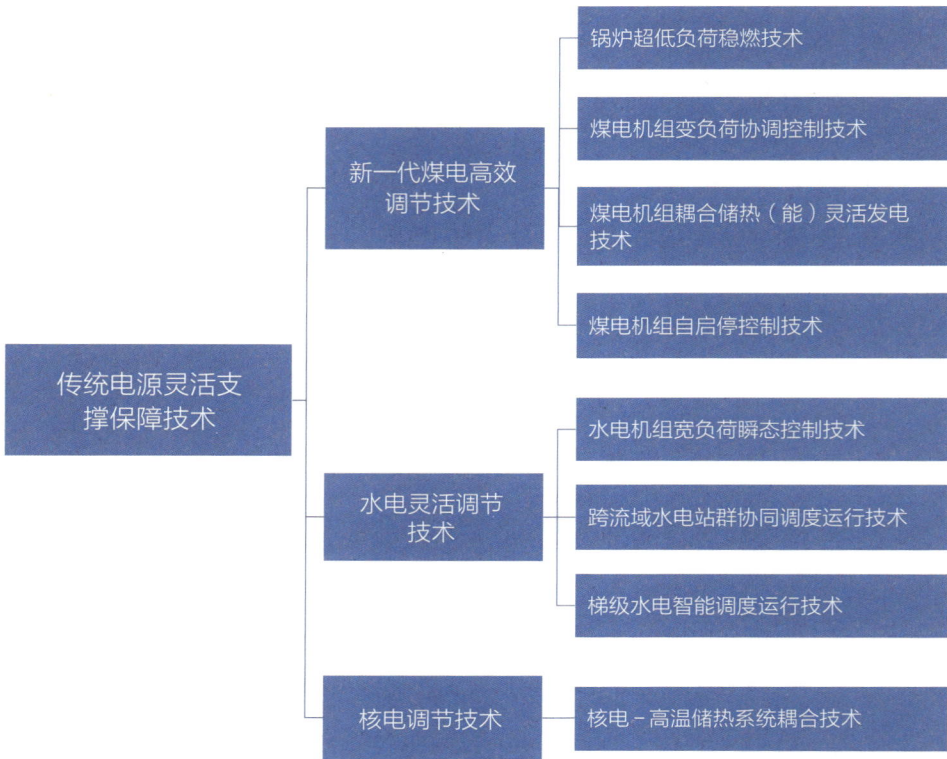

图 34　传统电源灵活支撑保障技术领域科技创新重点方向

2. 安全高效储能技术

（1）新型储能领域。

当前，我国新型储能技术多元化发展，未来需持续提高各
类储能技术成熟度。按照储能时长及作用，促进短时高频储
能、中短时储能、长时储能等各类储能技术水平不断迭代升
级，同时加强电源侧、电网侧、负荷侧等储能技术协同响应
能力。

短时高频储能技术。我国短时高频储能技术主要包括飞轮

储能、超级电容器储能及高倍率电池等，受制于关键装备材料性能和产业链成熟度，经济性有待进一步提升。推动关键材料及器件国产化，提升短时高频储能系统集成水平、运行性能、寿命和安全可靠性，**重点发展**飞轮储能和超级电容器关键材料器件国产化技术，开发新一代低成本、高安全、长寿命高倍率电池储能技术。

中短时储能技术。我国中短时储能主要依靠电化学储能技术，但其复杂工况下安全运行、性能衰减等问题突出，未来需向高安全、低成本、高环境适应的方向发展。提高储能系统安全运行能力，**重点发展**长寿命低成本高安全锂离子电池储能、高安全大容量钠离子电池储能、固态电池储能技术等。

长时储能技术。我国长时储能主要依靠抽水蓄能，随着未来新能源大规模发展和能源需求形式更加多样融合，对跨月、跨季和非电储能需求逐渐显现，亟需充分推动各类长时储能技术发展和应用，降低储能成本。为满足日内及跨日长时储能需求，推进长时储能技术规模放大，发挥长时储能技术规模化效应，**重点发展**大容量高效压缩空气储能技术、高效率液流电池储能技术、液态空气储能技术、大容量重力储能技术、高效热泵储能技术等。为满足跨季节储能调节需求，**重点**

发展高效低成本长周期热储能技术、大规模长时氢（氨）储能技术。

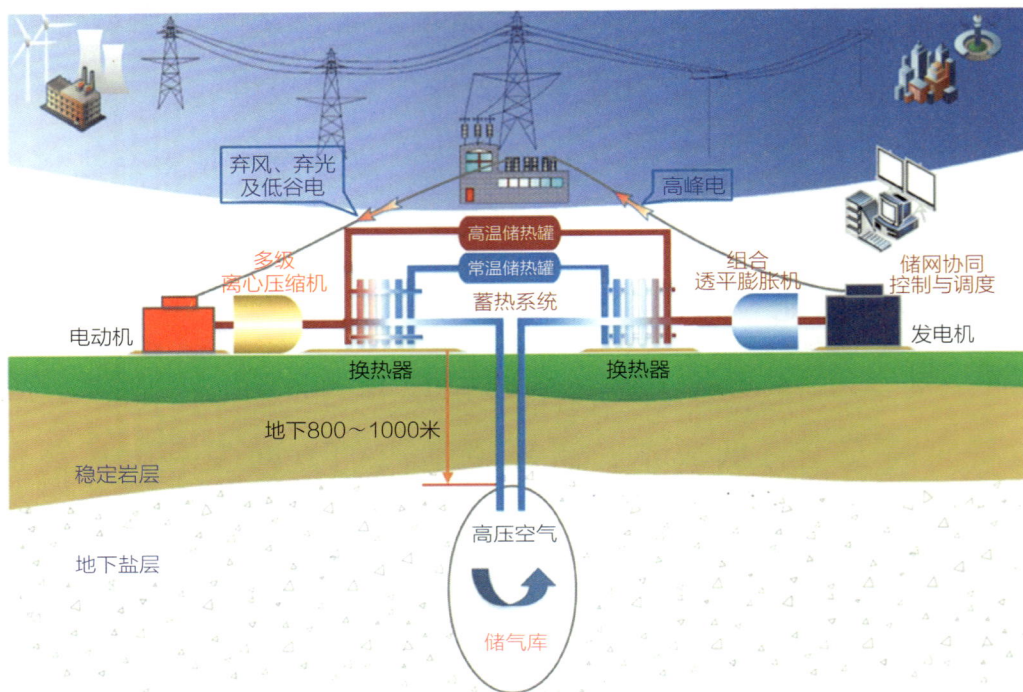

图 35　压缩空气储能运行原理图

（2）抽水蓄能领域。

抽水蓄能电站需要足够的高差和库容等地形条件，在高水头大容量常规机组和大容量变速机组等方面仍需攻关。攻克满足大容量高水头要求的抽水蓄能机组设计及制造难题，**重点发展**千米级水头抽水蓄能电站机组关键技术；缩短工况转换时间，实现快速动态响应，**重点发展**抽水蓄能机组快速工况转换相关技术。

图 36　安全高效储能技术领域科技创新重点方向

3. 供需响应调节能力提升技术

新型电力系统正从"源随荷动"向"源荷互动"转变，但需求侧响应在规模化应用、电网实时调用控制、价格机制等方面仍存在不足。深入挖掘负荷侧资源调节潜力，**重点发展**负荷精细化预测预警技术、虚拟电厂聚合与协同控制技术、规模化

图 37   抽水蓄能电站示意图

电动汽车（V2G）及算力中心与电网智能双向互动技术等负荷侧资源灵活互动技术；加强电网优化配置可再生能源能力，**重点发展**新能源资源预测与协同规划技术、分布式资源集群聚合与群控群调技术、多层级多资源跨时空平衡与智能调控等电网运行调控技术；建立以调节效果为导向的市场机制，**重点发展**海量市场主体出清技术、全国统一电力市场仿真技术、负荷侧响应资源市场交易等电力市场运营技术。

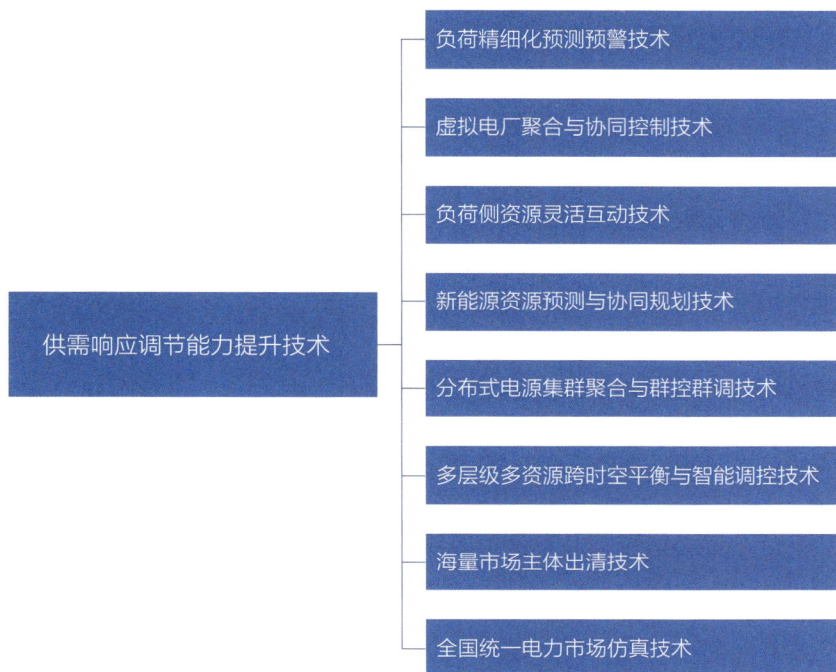

负荷精细化预测预警技术

虚拟电厂聚合与协同控制技术

负荷侧资源灵活互动技术

新能源资源预测与协同规划技术

供需响应调节能力提升技术

分布式电源集群聚合与群控群调技术

多层级多资源跨时空平衡与智能调控技术

海量市场主体出清技术

全国统一电力市场仿真技术

图 38　供需响应调节能力提升技术领域科技创新重点方向

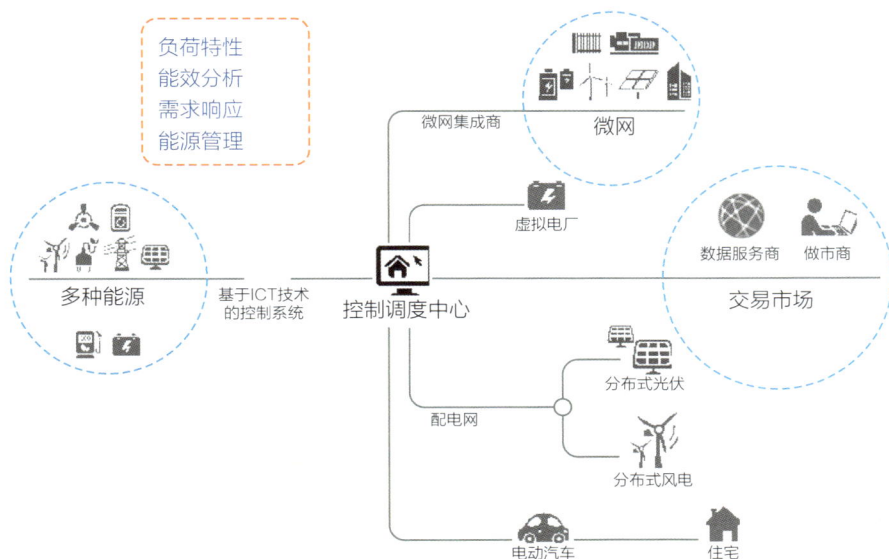

负荷特性
能效分析
需求响应
能源管理

微网集成商　微网

虚拟电厂

多种能源　基于ICT技术的控制系统　控制调度中心　数据服务商　做市商　交易市场

配电网　分布式光伏

分布式风电

电动汽车　住宅

图 39　供需负荷响应感知示意图

（四）科技创新助力解决系统能量密度降低问题

随着风光等新能源大规模发展，风光发电的随机性、间歇性、波动性降低了输电线路等能源基础设施利用水平，单位电量资源投入明显提高。系统"能量低密度化"带来的用能成本上升、土地资源紧张等问题亟待引起高度重视，需提高新能源高效开发技术水平，探索高能量密度氢基能源开发与利用技术。

科技创新助力提升能源系统能量密度，**一是提升风光等新能源转换利用效率**，研究提升风电、太阳能光伏发电、太阳能光热发电等转换效率的新技术、新装备；**二是发展多能互补应用场景**，利用多种能源互补优势提高能源输送密度；**三是发展柔性光储与风储技术**，从电源端改变光伏、风电出力特性，改善光伏、风电并网和送出友好性；**四是研究高效氢基能源制储技术**，探索新能源能量密度提升转换方法，将低能量密度能源转化为氢能、绿色氨（醇）等高密度能源。

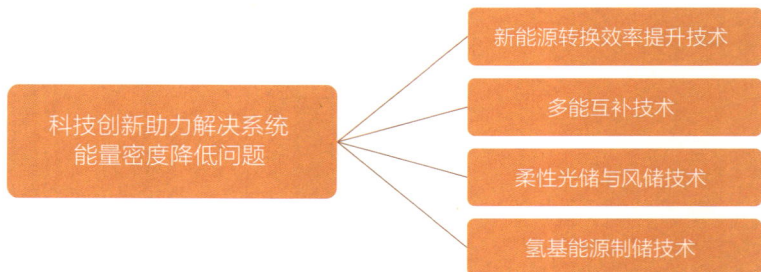

新能源转换效率提升技术

多能互补技术

科技创新助力解决系统能量密度降低问题

柔性光储与风储技术

氢基能源制储技术

图 40　科技创新助力解决系统能量密度降低问题应对措施

1. 新能源转换效率提升技术

风电领域。当前商业化风电机组风能利用效率为40%～45%，仍有较大提升空间。瞄准陆上15兆瓦级、海上25兆瓦级以上大容量单机组，进一步降本增效、提高可靠性，**重点发展**长柔叶片超高塔架风电机组技术，**积极开展**双（多）机头风电机组技术、下风向两叶片风电机组技术、双（多）风轮风电机组技术等风电机组装备研究。

太阳能发电领域。我国量产晶硅光伏电池光电转换效率已达到25%以上，距离晶硅光伏29.4%的理论上限仍有提升空间，未来将重点依托技术装备迭代和新材料应用等方式，持续提高光伏转换效率。围绕光伏发电效率提升，**重点发展**高效全钝化接触晶硅电池量产制造技术、高效稳定钙钛矿组件量产制造技术、高效钙钛矿晶硅叠层电池技术等。进一步提升太阳能光热发电效率，**重点发展**大容量高灵活光热发电系统技术、超临界二氧化碳光热发电系统技术等先进光热发电技术。

2. 多能互补技术

多能互补通过多种能源协同调度实现跨时空功率平衡，可提升能源系统整体传输效率。针对供需逆向分布、园区绿色用能等场景需求，**重点发展**多能互补系统供需平衡机理及智能求解技术；进一步提升大型风光基地外送新能源比例和效率，

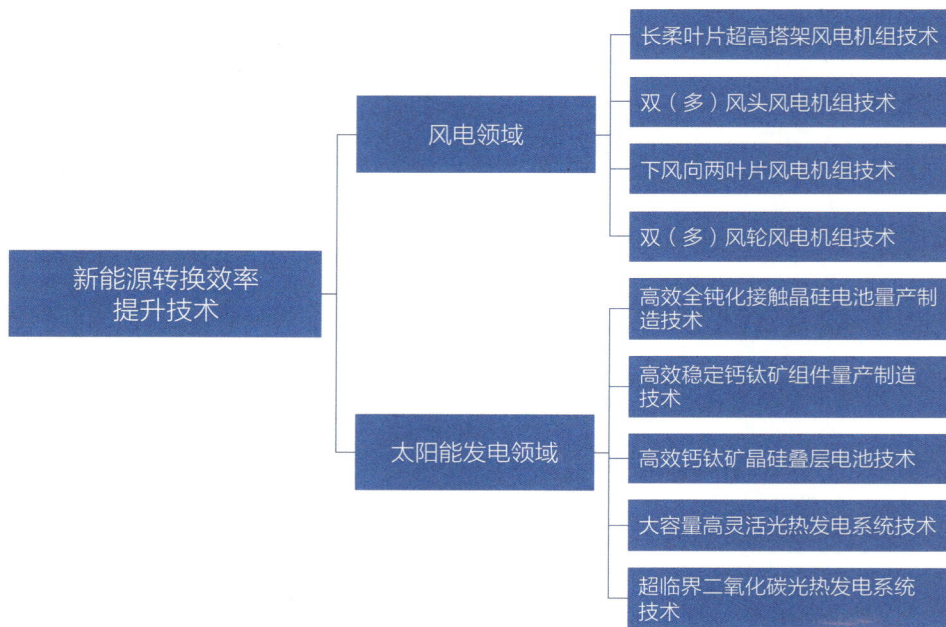

图 41　新能源转换效率提升技术领域科技创新重点方向

图 42　双机头风电机组

重点发展沙戈荒大基地一体化协同控制技术、跨流域水风光储协同调度技术；为解决城市、高耗能工业园区、风光资源丰富县域、海岛等绿色用能需求，提高多元能源系统用能效率，**重点发展**多场景综合能源多能互补技术。

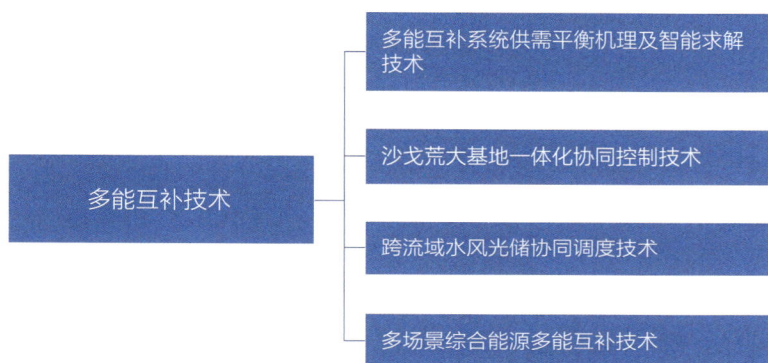

多能互补技术 —— 多能互补系统供需平衡机理及智能求解技术

沙戈荒大基地一体化协同控制技术

跨流域水风光储协同调度技术

多场景综合能源多能互补技术

图 43　多能互补技术领域科技创新重点方向

3. 柔性光储与风储技术

柔性光（风）储技术将储能和光伏、风电耦合环节前置到直流侧，可减少光伏、风电因直流侧超配造成的弃电，实现光伏、风电与储能在直流侧自动互补优化控制，提高光伏发电、风电等效利用小时数和发电量。为实现光伏、风电与储能直流侧互补控制，进一步优化光伏（风电）系统效率，**重点发展**柔性光（风）储直流一体化协同控制技术；为保证光（风）储直流系统在光伏、风电利用率、储能利用率、系统效率及经济性等多个目标间实现最优运行，**重点发展**柔性光储直流一体化模块配比技术；为实现电池模块间的均衡，减少电池超配率，降低使用成本，**重点发展**模块化直流储能系统均衡技术。

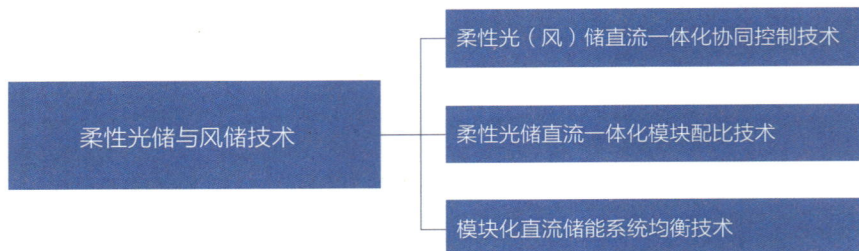

柔性光储与风储技术
- 柔性光（风）储直流一体化协同控制技术
- 柔性光储直流一体化模块配比技术
- 模块化直流储能系统均衡技术

图 44   柔性光储与风储技术领域科技创新重点方向

4. 氢基能源制储技术

高效氢氨醇制取技术。目前我国制氢氨醇设备大型化成效显著，碱性电解槽最大产氢量已达 5000 标准立方米 / 小时，千吨级合成氨设备开车成功，但仍面临电解槽能耗高、耐久性低、连续稳定运行能力不足，以及氨醇合成转化率低、风光出力波动适应能力不足等问题。瞄准能效提升目标，**重点发展**低电耗大电流密度电解水制氢技术、高动态响应速度低启动时间电解水制氢技术、低能耗绿氨（醇）等氢基可持续燃料制备技术，**积极开展**高效率太阳能光分解水制氢技术研究；围绕提高设备运行安全性和可靠性，**重点发展**长寿命制氢电解槽技术、宽运行负荷制氢电解槽技术。

高能量密度氢能存储技术。目前我国氢能存储以中压气态储氢球罐、35 兆帕储氢瓶等方式为主，储氢密度和空间利用效率低，限制了氢能的应用空间。为提升储氢效率，支撑多领域氢能应用场景，**重点发展**高压储氢和地质储氢关键技术、低能耗氢液化和液氢存储技术、高储氢密度固态和液态材料储氢技术。

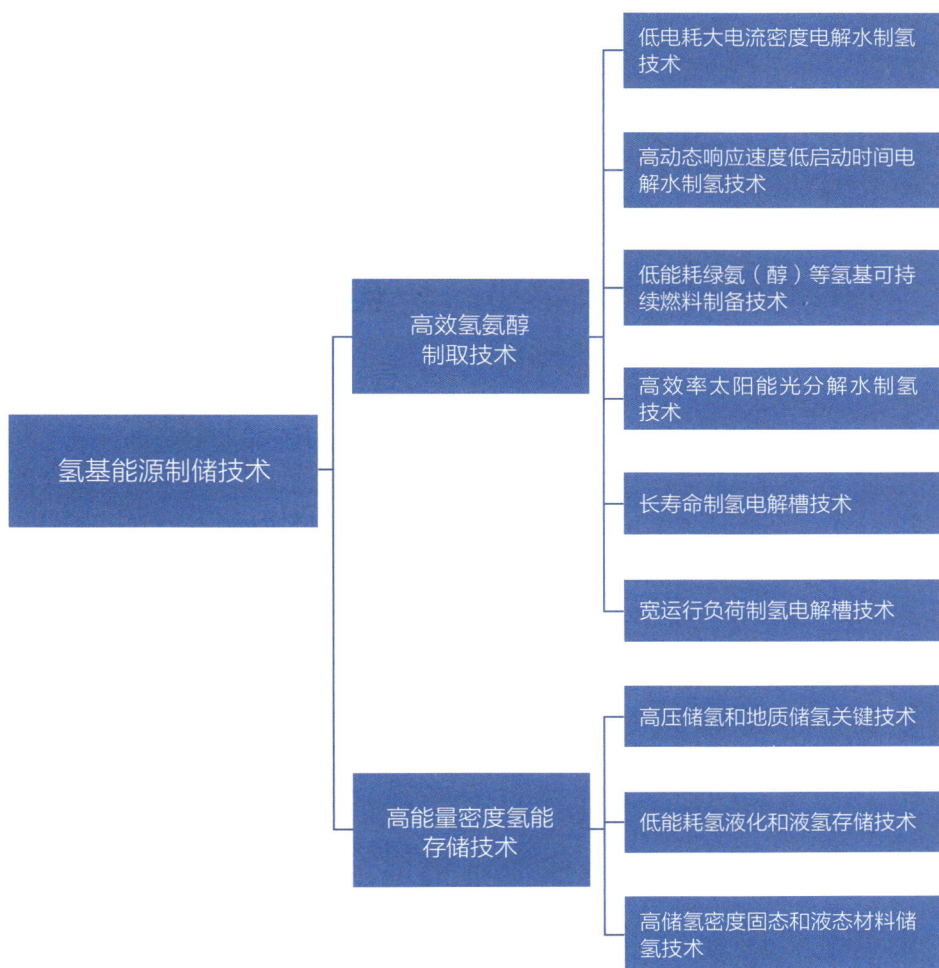

图 45　氢基能源制储技术领域科技创新重点方向

图 46　地下储氢技术示意图

▶ （五）科技创新助力推动化解能源供需逆向分布问题

我国能源生产和消费逆向分布特征明显，风、光、水等资源主要位于"三北"和西部地区，而主要负荷集中在中、东部。在新能源加速发展的大背景下，能源供需逆向分布的特征将持续存在。为缓解能源供需逆向分布矛盾，一方面，需要推动能源密集型产业向西部能源资源富集地区转移，积极推动算电融合、绿色化工等新兴用能产业在西部布局；另一方面，在继续推进巩固西电东送、北煤南送等的基础上，需要加快探索绿色氢氨醇等"高能量密度"能源多元转化及输送技术。

　　科技创新助力推动化解能源供需逆向分布问题，**一是研究高效安全大容量长距离输电技术**，提升长距离电力传输容量及效率；**二是发展高效化石能源储运技术**，优化传统能源供应链韧性；**三是发展高效氢基能源输运技术**，助力绿氢等氢基能源供需平衡。

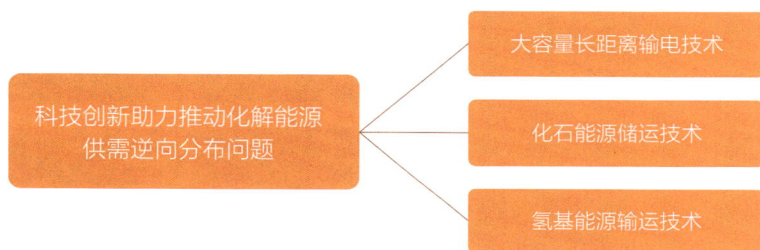

图 47　科技创新助力推动化解能源供需逆向分布问题应对措施

1. 大容量长距离输电技术

　　当前我国可再生能源开发重心转向西部沙戈荒、西南水电以及深远海区域，对长距离输电技术提出全新挑战。满足沙戈荒新能源基地、水风光一体化基地、大型海上风电基地送出要求，**重点发展**极高比例新能源或纯新能源特高压柔性直流输电技术、柔性低频交流输电技术、深远海风电低成本高效直流汇集及柔性直流送出技术等；满足高比例新能源电力系统安全稳定运行需要，提升电网抗风险能力，**重点发展**大电网运行风险评估与稳定控制技术、极端条件下电网安全防御及恢复技术等新型电力系统安全稳定运行技术；提升电力装备自主可控能力和绿色低碳水平，**重点发展**超长距离特高压交直流气体绝缘金属封闭输电线路（GIL）技术、可控换相换流器技术、高压环保型开关制造技术、4.5千伏/6千安及以上绝缘栅双极型晶体管（IGBT）制造技术、大截面/特高压交直流绝缘材料及电缆制备工艺技术等高端电力技术装备及材料技术。

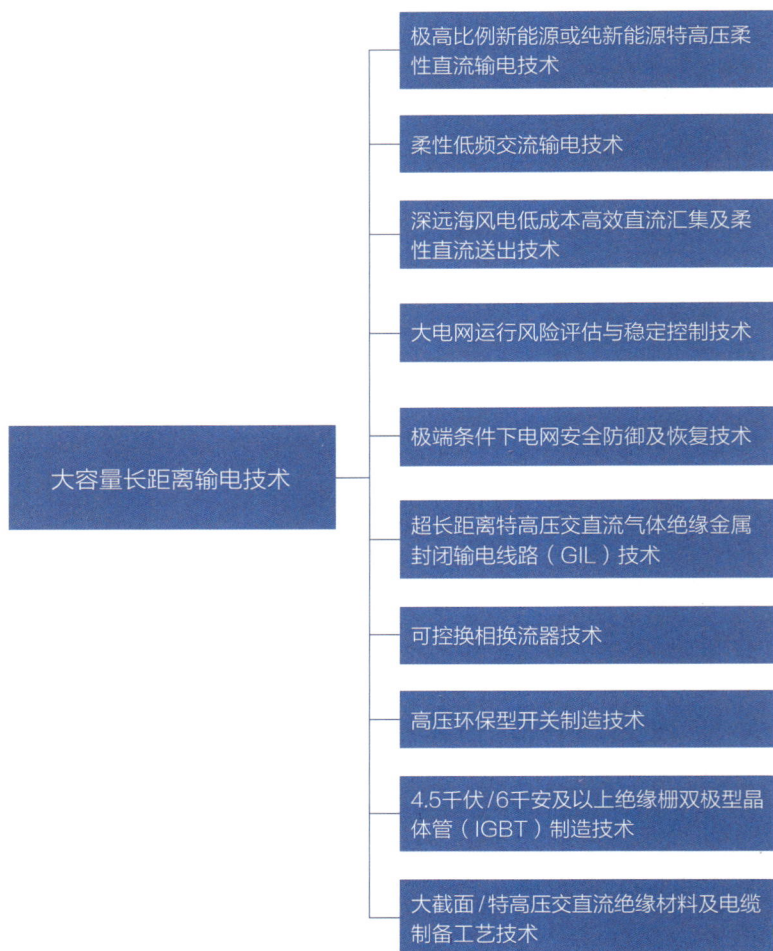

图48　大容量长距离输电技术领域科技创新重点方向

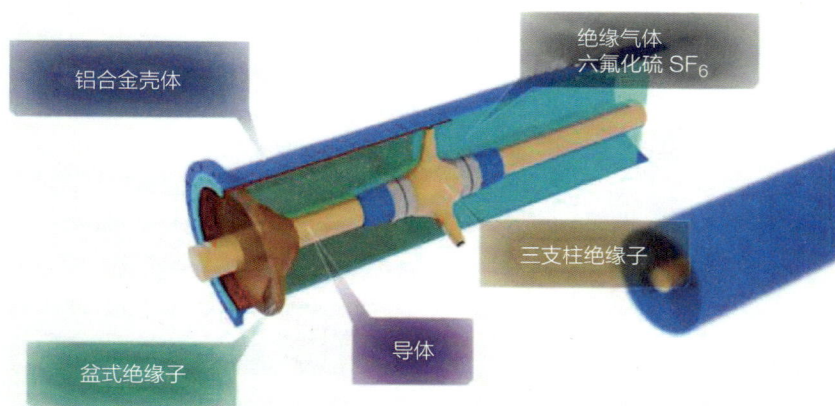

图 49　气体绝缘金属封闭输电线路（GIL）内部结构示意图

2. 化石能源储运技术

当前我国长距离油气输送时空匹配难度大，在管道储库设计施工、材料强度及安全性等环节有待改善，并面临多介质高效输运与地下空间利用技术等瓶颈难题。为进一步提升油气长距离输送能力和安全可靠性，**重点发展**大口径油气管道高效建设运行技术、氢氨醇油气管道储运关键技术；提高战略资源能源储备保障水平，拓展地下空间利用模式与场景，**重点发展**地下空间大规模油气存储技术、关闭退出煤矿地下空间多元利用技术。为确保二氧化碳地质封存安全性、有效性和持久性，**重点发展**二氧化碳长期安全封存及监测、驱油驱气开采技术。

3. 氢基能源输运技术

当前我国氢能和氨醇等氢基能源输运以 20 兆帕长管拖车、

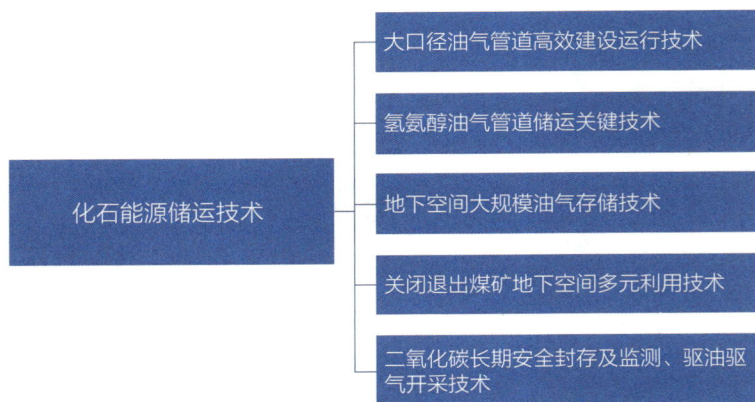

图 50　化石能源储运技术领域科技创新重点方向

4 兆帕纯氢管道、氨醇槽罐车等小运量输运方式为主，氢能加注以 35 兆帕加氢站为主，输运效率低、成本高。聚焦提升氢能运输、加注效率，降低终端用氢成本，**重点发展**高压、大输量天然气管道改输氢、纯氢管道输送技术，低温液氢槽车及液氢加注关键技术和大运量管束式集装箱和固态运氢车关键技术。为满足规模化绿色氢基能源输运需求，并提高现有油气输运基础设施利用率，**重点发展**成品油管道增输改输氨醇技术。

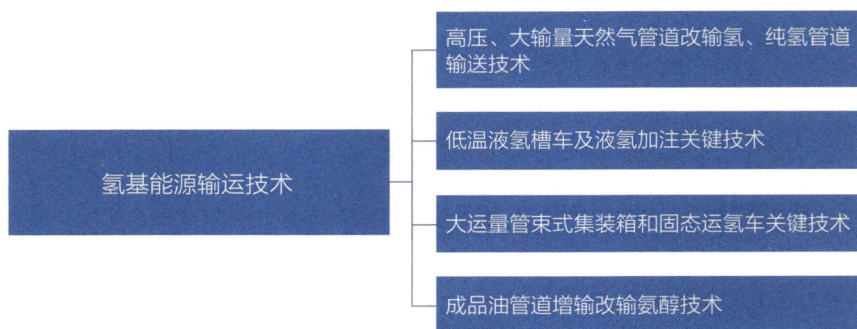

图 51　氢基能源输运技术领域科技创新重点方向

▶ （六）科技创新助力能源消费侧节能降碳

钢铁、化工、水泥、有色金属等行业以及交通、建筑是我国主要的高耗能行业，其传统发展模式能耗高、排放大，能源活动二氧化碳排放总量仅次于电力行业，占我国直接碳排放总量的40%以上。主要高耗能行业的用能方式与其技术工艺、产业链深度耦合，在我国建立能耗双控向碳排放双控全面转型新机制背景下，依靠科技创新突破传统用能方式约束成为必然选择，需持续发挥节能作为"第一"能源的作用，加速实施终端用能替代，同时加快研究钢铁、化工、水泥等行业低能耗低成本碳捕集技术，积极在化工、水泥等行业研究应用二氧化碳利用与封存技术。

科技创新助力能源消费侧节能降碳，**一是持续推动用能行业节能及能效提升**，对当前工艺过程实施节能降碳改造，优化生产工艺与设备性能、降低单位产出能耗，实现能源高效利用；**二是积极推动终端用能行业能源及原料消费替代**，加速推动绿电、绿氢等对传统高碳能源的替代，开发低碳、零碳替代原料，改变终端用能结构，从源头减少化石能源消费和碳排放总量；**三是稳步推进用能行业碳捕集利用与封存**，提高碳捕集技术效率，拓宽二氧化碳利用、固定封存应用途径，为用能侧行业实现低碳转型提供兜底保障。

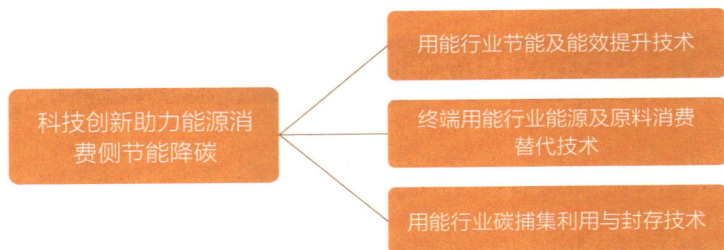

图 52   科技创新助力能源消费侧节能降碳应对措施

1. 钢铁行业

当前，钢铁行业碳排放量占我国碳排放总量约 15%，主要来自长流程工艺中炼焦、高炉氧化还原反应等过程。我国钢铁长流程工艺产量占比约 90%，远高于世界 70% 的平均水平；短流程炼钢工艺以废钢为原料，吨钢能耗较长流程可降低 40% ～ 60%、碳排放减少 70% 以上。钢铁行业节能降碳，在大力推广短流程工艺的同时，还应继续发展钢铁行业节能技术、能源与原料替代技术、碳捕集及利用技术。

钢铁行业节能与能效提升技术。长流程炼钢工艺在矿石、烧结、焦化、炼铁、炼钢、轧钢等工艺间衔接存在大量的余能余热余压应进一步加以利用。为提高现有钢铁生产工艺能效水平，实现钢铁技术体系极致能效提升，**重点发展**工艺界面衔接节能技术、余能余热综合利用技术。

钢铁行业能源及原料替代技术。最大化利用废钢资源，大幅降低冶炼过程碳排放，优化能源结构，**重点发展**新型电弧炉炼钢装备技术；氢替代焦炭还原炼铁可从源头去除碳排放来源，为从源头实现钢铁冶炼零碳排放，**重点发展**氢基直接还原炼铁技术、富氢熔融还原炼铁技术等，**积极开展**闪速裂解铁技术、电解炼铁技术研究。

钢铁行业碳捕集技术。短期内，短流程电弧炉炼钢技术发展存在废钢资源限制、氢基还原炼铁技术尚不具备大规模推广应用条件，长流程炼钢仍将长期成为钢铁生产的主力。为满足钢铁行业深度减排需求，降低长流程炼钢工艺过程多点源碳排放，**重点发展**钢铁行业碳捕集技术。

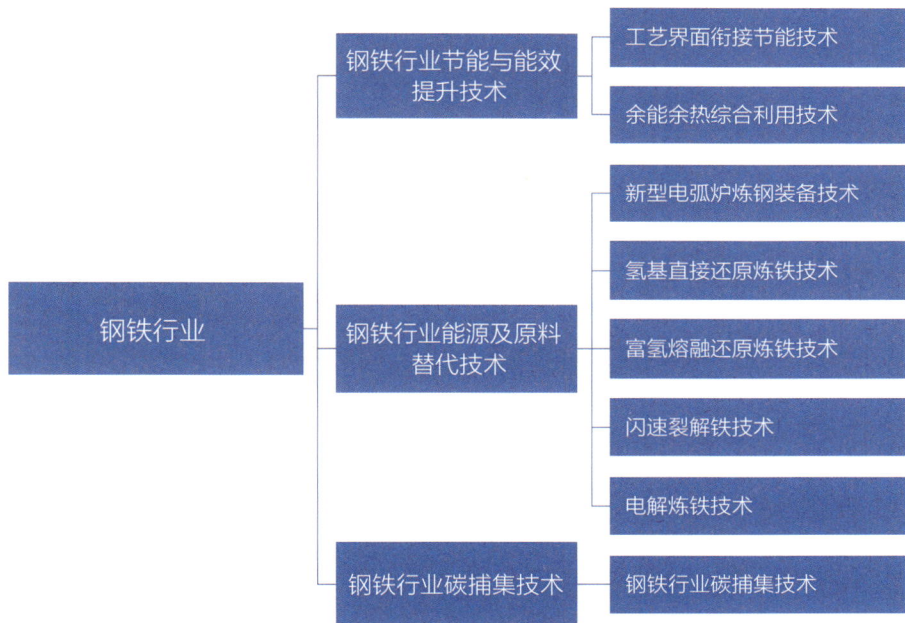

图 53　钢铁行业能源科技创新重点方向

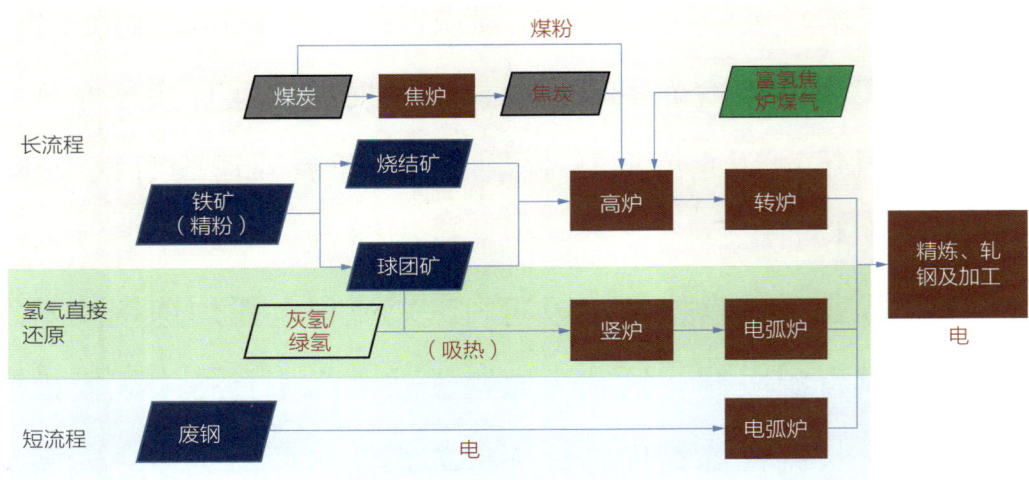

图 54   钢铁行业技术路线图

2. 化工行业

化工行业碳排放量占我国碳排放总量约 13%，其中石油化工领域碳排放主要来自煤制氢、天然气制氢以及原油蒸馏等环节，煤化工领域碳排放主要来自煤气化后的变换工艺等，除此之外还包括为各类化工生产过程提供热力、动力等的煤炭燃烧过程。化工行业实现"双碳"目标，除采用节能技术和碳捕集技术，应重点开展能源、原料替代技术。

化工行业节能与能效提升技术。化工行业产品多、工艺复杂、产业链长，各工艺环节、产品间存在大量能源损耗。为提高能源利用效率，**重点发展**大型高效压缩机、先进气化炉装备等工艺过程节能与余热综合利用技术；为提高能源使用效率、降低能源损耗，**重点发展**高压低压蒸汽梯级利用技术、驰放气与余热余压等能量回收利用技术、化工蒸馏中低温余热综合利用技术；为降低产品流程损耗，**重点发展**化工产品联合生产工艺技术。

化工行业能源及原料替代技术。化工行业生产工艺能源消费主要以煤炭、天然气、电力为主，并需要大量转化为蒸汽作为动力，通过绿色能源替代，**重点发展**电加热锅炉、氢能供汽供热等技术，**积极开展**适应新能源波动性的柔性化工生产工艺与装备技术、电加热蒸汽裂解制乙烯技术等研究。通过引入绿氢，减少变换反应等环节二氧化碳的生成，**重点发展**绿氢耦合煤（石油）化工工艺。

化工行业碳捕集技术。化工行业能源相关的直接碳排放主要集中在化石燃料燃烧和化工过程，其中化工过程产生的碳排放难以完全脱离化石能源实现深度减排。为降低化工行业难减排工艺过程的碳排放，**重点发展**化工行业碳捕集技术。二氧化碳可作为原料参与众多化工反应与化学品生产，为推动建设负碳化工技术体系，**重点发展**二氧化碳化工利用、合成生物利用等技术。

3. 水泥行业

水泥生产过程是我国建材行业能源消耗及碳排放的最主要来源，远高于陶瓷、平板玻璃等产品。水泥行业碳排放量占我

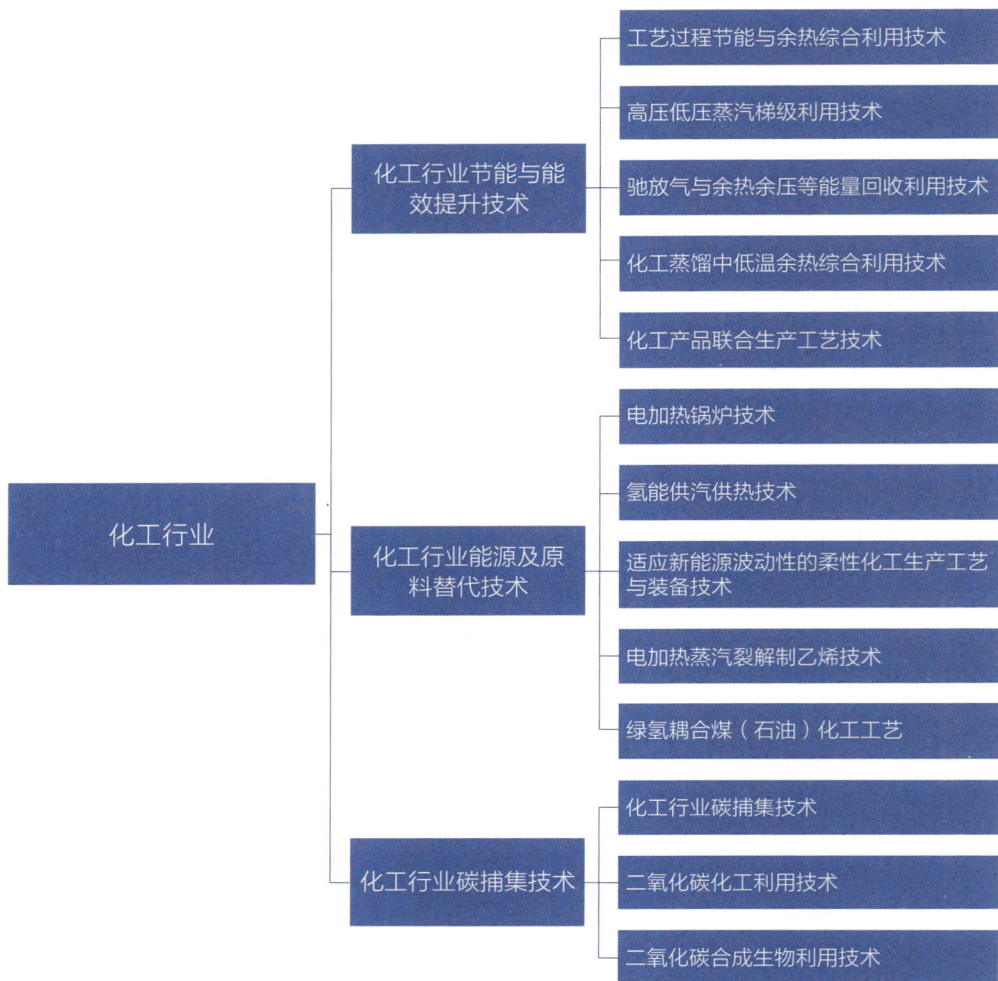

```
                                              ┌─ 工艺过程节能与余热综合利用技术
                                              │
                                              ├─ 高压低压蒸汽梯级利用技术
                                              │
                         化工行业节能与能 ─────┼─ 驰放气与余热余压等能量回收利用技术
                         效提升技术           │
                                              ├─ 化工蒸馏中低温余热综合利用技术
                                              │
                                              └─ 化工产品联合生产工艺技术

                                              ┌─ 电加热锅炉技术
                                              │
                                              ├─ 氢能供汽供热技术
                                              │
  化工行业 ──────────────  化工行业能源及原 ─────┼─ 适应新能源波动性的柔性化工生产工艺
                         料替代技术           │  与装备技术
                                              │
                                              ├─ 电加热蒸汽裂解制乙烯技术
                                              │
                                              └─ 绿氢耦合煤（石油）化工工艺

                                              ┌─ 化工行业碳捕集技术
                                              │
                         化工行业碳捕集技术 ────┼─ 二氧化碳化工利用技术
                                              │
                                              └─ 二氧化碳合成生物利用技术
```

图 55 化工行业能源科技创新重点方向

国碳排放总量约 10%，其中熟料煅烧环节煤炭燃烧的碳排放约为 4%，其余主要来自煅烧时碳酸盐的分解过程。目前我国水泥熟料单位产品综合能耗整体与欧美水平持平，但仍存在节能增效改造空间，应针对现有工艺设备开展极致能效提升，并积极开展能源替代。

水泥行业节能与能效提升技术。持续提高熟料煅烧环节能效水平，重点围绕回转窑煅烧等能耗主要工艺，**重点发展**以窑系统改造为主的能效提升技术。

水泥行业能源替代技术。通过低碳能源替代煤炭是水泥碳减排的重要技术路径，并可拓宽燃料来源渠道。为降低煅烧环节能源消费碳排放水平，**重点发展**固体废物燃料、生物质燃料等燃料替代技术；为推动水泥生产能源消费降碳，**积极开展**电煅烧水泥、氢能煅烧等能源替代技术研究。

水泥行业碳捕集与利用技术。水泥行业在未来一段时期内仍难以完全摆脱化石能源消费和工艺过程碳排放。为满足水泥行业深度减排需求，降低水泥熟料煅烧环节碳排放、实现二氧化碳碳化固定，**重点发展**水泥行业碳捕集技术、水泥行业二氧化碳利用技术。

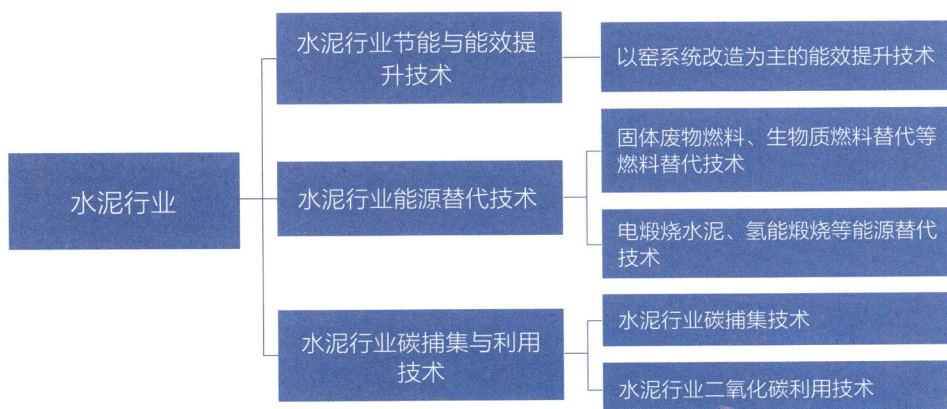

图 56　水泥行业能源科技创新重点方向

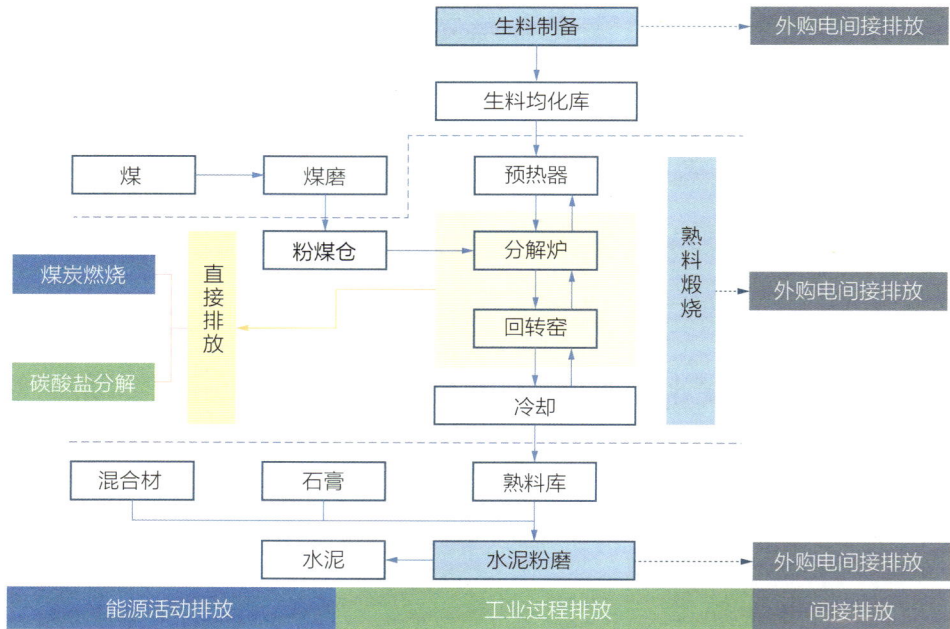

图 57　水泥行业工艺流程与碳排放示意图

4. 有色金属行业

有色金属行业能耗约占全国能源消费的 3.5%，其中电解铝能耗及碳排放总量占有色金属全行业的 70% 以上，主要为电力消费产生的间接排放。有色金属生产能耗主要来自矿石采选、冶炼、精炼及资源回收等环节，还有较大节能与能效提升空间，应积极开展节能技术改造与应用，并推动绿电等清洁能源高比例替代应用。

有色金属行业节能与能效提升技术。为提高铝生产能效水平，**重点发展**电解铝新型稳流保温铝电解槽节能改造、铝电解槽大型化、电解槽结构优化与智能控制、铝电解槽能量流优化及余热回收等铝电解节能低碳改造技术；为提高能效水平、降低过能耗现象，**重点发展**有色金属能耗智能化控制技术；为突破传统电解工艺能耗限制、从根本上优化电解过程，**积极开展**固态铝电解技术研究；为提高铜、镁、硅等非铝有色金属能效水平，铜、镁、硅等冶炼领域**重点发展**短流程连续冶炼、铜阳极纯氧燃烧、高效湿法锌冶炼技术、锌精矿大型化焙烧技术、多孔介质燃烧技术、侧吹还原熔炼粉煤浸没喷吹技术、大型低耗电弧炉等非铝有色金属生产节能技术，**积极开展**等离子体法冶炼等技术研究。

有色金属行业能源替代技术。有色金属生产主要依赖电力、煤炭等提供动力、热等能量，部分环节还需要电力参与电解过程。为适应新能源波动性特点、提高铝生产绿电渗透率，**重点发展**柔性铝电解技术；为实现化石能源替代，**重点发展**电加热替代火法冶炼、电熔炉替代燃油炉、大型低耗电弧炉等技术。

5. 交通行业

交通行业碳排放量占我国碳排放总量约10%，其中道路交通占交通行业总排放量的80%以上。近年来以电气化为主的交通行业清洁转型如火如荼，以氢氨醇等为动力的车辆、船舶技术还有较广的发展潜力，交通行业用能技术正从油气驱动为主向电、氢、油气多元用能体系转型。

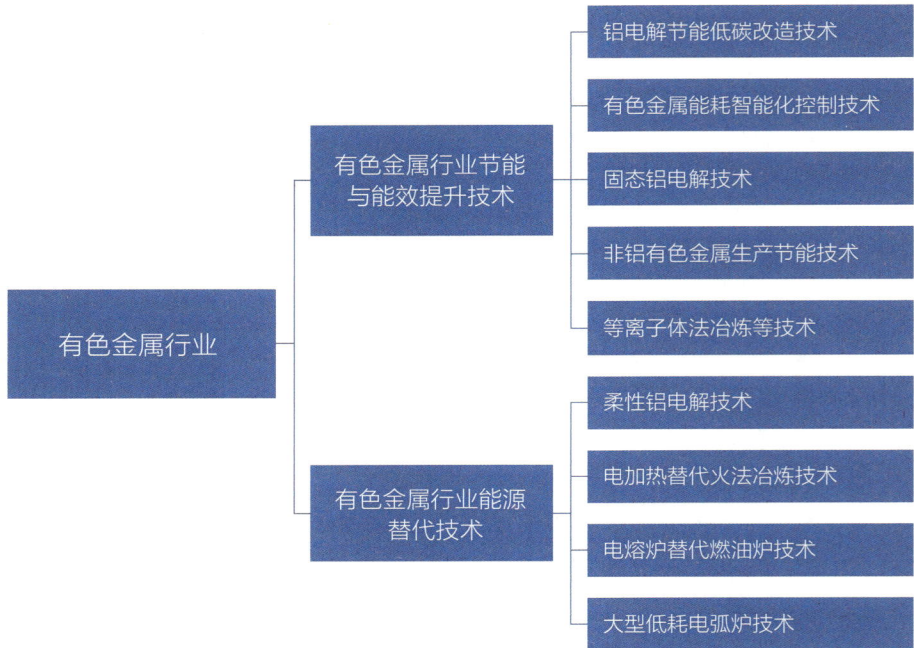

图 58   有色金属行业能源科技创新重点方向

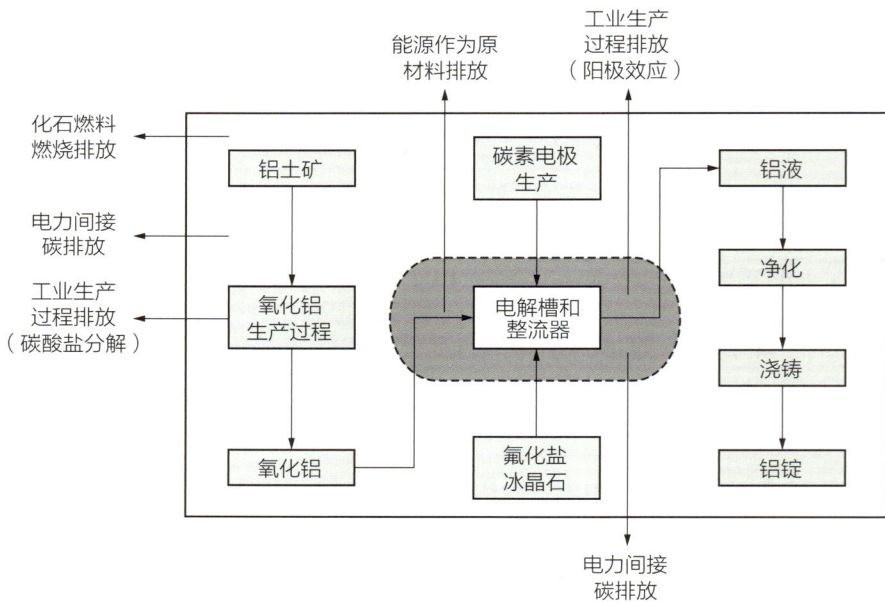

图 59   电解铝技术过程示意图

道路交通领域。为实现交通行业节能降碳，满足不同场景道路交通需求，**重点发展**电动汽车及相关配套技术、氢燃料电池汽车及相关配套技术等，**积极开展**燃用甲醇、氨和电合成燃料的内燃机动力汽车技术研究。

轨道交通领域。轨道交通的运行特点决定了其可采取持续供能，从而在交通运输领域率先实现高度电气化。为提高轨道交通电力能效水平，**重点发展**高效电力机车技术；为解决部分轨道难以电气化问题，**重点发展**氢燃料电池动力机车技术。

水运交通领域。水运交通包括内河航运、沿海航运和远洋航运等，其运量大、续航里程长，能源续航保障要求高。为解决远洋运输需求，**重点发展**绿色甲醇（氨）内燃机动力船舶技术等；为实现内河和沿海航运等场景绿色清洁低碳化，**重点发展**电动船舶技术等，**积极开展**氢燃料电池动力船舶技术等研究。

航空运输领域。航空运输领域能源消费要求高能量密度、高供给可靠性、强环境适应性，当前主要采用石化煤油、汽油等液体燃料驱动。为大幅降低碳排放，**重点发展**氢基、生物质基和可再生电力基可持续航空燃料技术等，**积极开展**电动飞机、氢动力飞机技术研究。

```
                                        ┌──────────────────────────────┐
                                        │ 电动汽车及相关配套技术        │
                                        ├──────────────────────────────┤
                   ┌──────────────┐     │ 氢燃料电池汽车及相关配套技术  │
                   │ 道路交通领域  ├─────┼──────────────────────────────┤
                   └──────────────┘     │ 甲醇、氨和电合成燃料的内燃机  │
                                        │ 动力汽车技术                  │
                                        └──────────────────────────────┘

                                        ┌──────────────────────────────┐
                   ┌──────────────┐     │ 高效电力机车技术              │
                   │ 轨道交通领域  ├─────┼──────────────────────────────┤
  ┌──────────┐     └──────────────┘     │ 氢燃料电池动力机车技术        │
  │ 交通行业  ├──┤                       └──────────────────────────────┘
  └──────────┘                          ┌──────────────────────────────┐
                                        │ 绿色甲醇（氨）内燃机动力船舶技术│
                   ┌──────────────┐     ├──────────────────────────────┤
                   │ 水运交通领域  ├─────┤ 电动船舶技术                  │
                   └──────────────┘     ├──────────────────────────────┤
                                        │ 氢燃料电池动力船舶技术        │
                                        └──────────────────────────────┘

                                        ┌──────────────────────────────┐
                                        │ 可持续航空燃料技术            │
                   ┌──────────────┐     ├──────────────────────────────┤
                   │ 航空运输领域  ├─────┤ 电动飞机技术                  │
                   └──────────────┘     ├──────────────────────────────┤
                                        │ 氢动力飞机技术                │
                                        └──────────────────────────────┘
```

图 60　交通行业能源科技创新重点方向

图 61　氢燃料电池重卡及加氢站

6. 建筑行业

当前，我国建筑运行阶段能源消耗约占全国能源消费总量的 21%，主要以电、煤炭、天然气为主，来自建筑运行阶段直接碳排放量占全国总碳排放量约 4.6%，主要来自建筑采暖、炊事等过程的煤炭、天然气消费，其余间接碳排放主要为来自电力、热力等。近年来，建筑领域节能降碳围绕高效化、节约化、智能化与清洁能源替代持续转型。

建筑节能与能效提高技术。为降低能源耗散浪费、实现能源循环梯级利用，**重点发展**建筑隔热保温技术、余热回收利用技术；为提高能源利用效率，减少建筑用能浪费，**重点发展**高效空调供暖/制冷技术、建筑蓄热/冷技术；为满足建筑用能需求，提高能源供需响应能力与能源使用效率，**重点发展**建筑能耗智能监测与优化控制技术。

建筑用能替代技术。为提高建筑用能清洁化，高效利用城市空间太阳能资源，降低建筑新能源利用成本，**重点发展**建筑光伏一体化技术；为满足建筑清洁供暖需求，实现化石能源供热替代，**重点发展**高效地源（空气源）热泵技术。

```
                                        ┌─── 建筑隔热保温技术
                                        │
                                        ├─── 建筑余热回收利用技术
                                        │
                           建筑节能与能效提 ├─── 高效空调供暖/制冷技术
                           高技术          │
                                        ├─── 建筑蓄热/冷技术
                                        │
                                        └─── 建筑能耗智能监测与优化控制
                                             技术
       建筑行业
                                        ┌─── 建筑光伏一体化技术
                           建筑用能替代技术  │
                                        └─── 高效地源（空气源）热泵技术
```

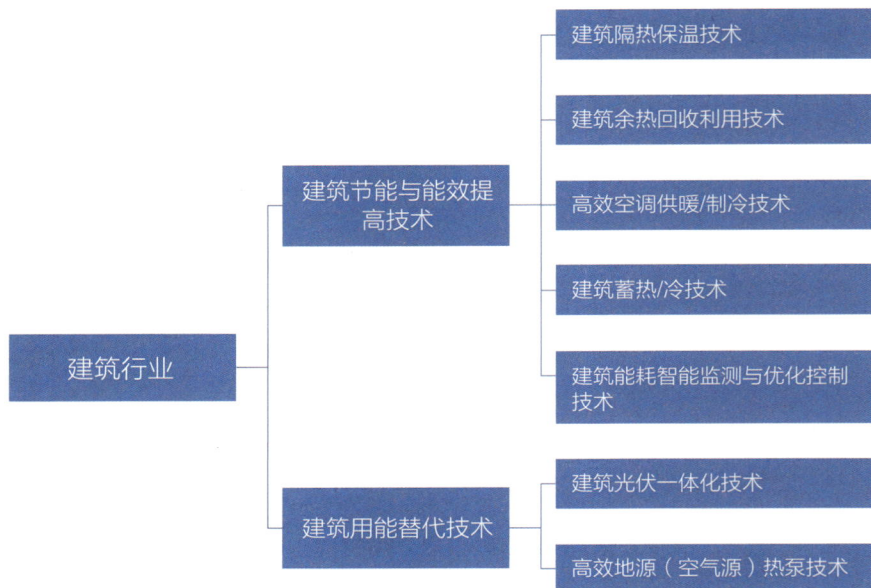

图 62　建筑行业能源科技创新重点方向

图 63　建筑光伏一体化技术示意图

（七）科技创新助力能源多品种互济安全

我国能源资源富煤、贫油、少气、可再生能源丰富，油气安全是当前我国能源安全的主要短板。为保障油气安全，不仅要"开源节流"，还要加快打通新能源与油气之间的转化路径，如新能源制绿色甲醇、绿色液体燃料等，实现品种替代，从根本上补强油气短板。

科技创新助力能源多品种互济安全，**一是发展化石能源转化替代技术**，发挥我国煤炭资源禀赋优势，提高油气等战略能源供给安全保障能力；**二是发展绿色氢基能源制备与利用技术**，基于绿电制备绿氢，进一步制备绿色氨醇及可持续燃料，保障清洁能源供给能力，满足化石能源消费替代需求。

图 64　科技创新助力能源多品种互济安全应对措施

1. 化石能源转化替代技术

当前我国煤炭利用仍以直接燃烧发电和供热为主，并稳步推进煤制甲醇等煤炭转化油品，但存在着能耗水平与经济成本高等问题。为满足轻质油品等高品位能源需求，保障国家能源安全，持续推动煤炭利用方式变革，**积极开展**高效煤制油气、煤炭原位多相流态化开采、富油煤地下热解、煤炭地下气化等技术研究；为充分利用煤炭资源禀赋优势、降低油气依存度，**重点发展**高效低成本煤基特种燃料技术。

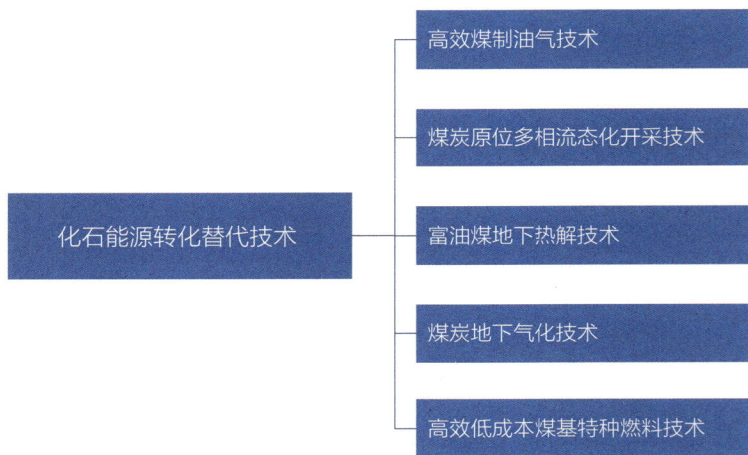

图 65　化石能源转化替代技术领域科技创新重点方向

2. 绿色氢氨醇制备与利用技术

绿色氢氨醇可由可再生能源制备，从而扩宽可再生能源电力转化利用途径、缓解可再生能源消纳压力、提高输运便利性与经济性，支撑用能行业用能结构转型对氢能、绿色氨醇需求。面向解决氢氨醇制取与上游新能源的匹配性问题，**重点发展**柔性新能源制氢 / 氨 / 醇一体化技术、生物质制备绿色甲醇技术。

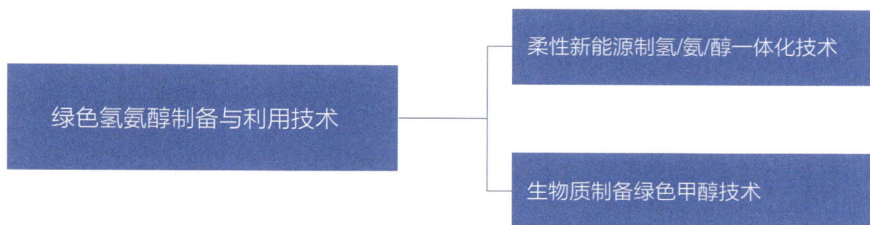

图 66　绿色氢氨醇制备与利用领域科技创新重点方向

▶ （八）数字化智能化赋能新型能源体系建设

以人工智能为代表的新一代信息技术正与各行业深度融合，并引领新一轮科技革命和产业变革，将深刻且长期改变能源生产与消费方式，加速重塑包括能源行业在内的未来全球格局。面对能源从生产到消费各环节的复杂过程和需求，加快加深人工智能等数字化智能化技术与能源产业各环节融合，推动能源开发生产、输送调度、储备调节、消费利用形成协同互动，并促进新的能源技术、形态形成，赋能新型能源体系加速构建。

数字化智能化赋能新型能源体系建设，**一是加快数字化智能化底座支撑技术应用**，提升能源云边端智能协同能力，建立能源智慧互动生态体系；**二是持续推动能源装备信息互联互通技术**，探索新型通信技术、感知技术与能源装备终端的融合，提升现场感知、计算和数据传输交互能力，推动能源领域低成本、高性能信息通信技术落地；**三是推动终端能源装备智能化**

技术应用，重点突破能源装备智能感知与决策融合技术，利用人工智能等技术构建全景感知网络和智能作业体系，提升能源领域的安全高效水平。与此同时，积极鼓励前沿数字化智能化技术在能源各领域应用，催生能源颠覆性技术和模式创新，为新一轮工业革命的孕育孵化提供坚实能源保障。

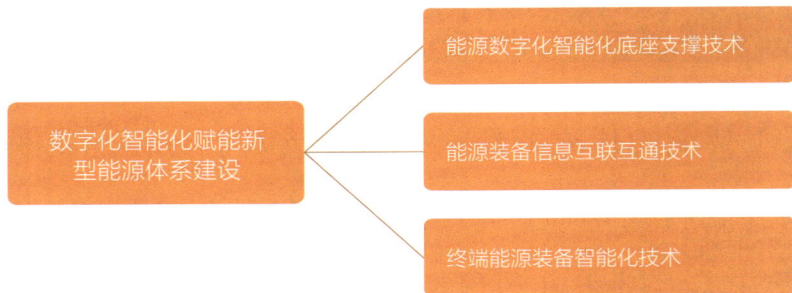

图 67   数字化智能化赋能新型能源体系建设应对措施

1. 能源数字化智能化底座支撑技术

面向新型能源体系的云边协同技术。针对能源领域管控层级多区域广、设备异构性强、业务实时性高等特点，构建高可靠、响应快、兼容性好的云架构，不断强化能源领域云边端数据协同、算电协同调度优化、系统安全可控等能力；面向沙戈荒、智慧煤矿等场站群智慧运维与协同控制场景，**重点发展**能源专用的云边端人工智能协同架构，实现跨层级、跨设备、低时延的能源运行决策与算力资源弹性调度；为适应新能源大规模接入、"东数西算"等负荷需求，**积极开展**分布式任务协同调度技术、边缘计算节点算力资源动态分配技术，实现算力资源的统筹规划。

能源领域数字孪生应用技术。为提升多源数据驱动下的决策精度与稳定性，通过数字孪生技术、人工智能算法构建能源系统的虚拟镜像，实现能源领域跨域数据互通、动态建模与实时优化；面向源网荷储一体化智能调度等异构复杂多源耦合场景，**重点发展**基于大模型的多源异构资源治理与融合技术、能源调度运行多目标协同优化技术；为适应海量分布式资源高波动性场景下的实时响应需求，**积极开展**基于数字孪生的能源系统高精度建模技术、基于虚实交互仿真的能源运行实时调控技术；提升通用大模型在电力调度、功率预测等能源垂直领域的专业化能力，**积极开展**能源行业专用大模型、能源场景知识增强等技术研究。

2. 能源装备信息互联互通技术

通感算一体化物联网技术。发展通信－感知－计算一体化的架构技术，实现能源生产、传输与消费全链条设备互联互通、数据共享与实时决策。面向长距离输电线路、油气管网等能源基础设施，**重点发展**适配能源装备即插即用的边缘接入技术、通感算一体的能源物联网基础设施，支撑多能协同运行优化、系统友好接入及远程控制功能的高效实现。

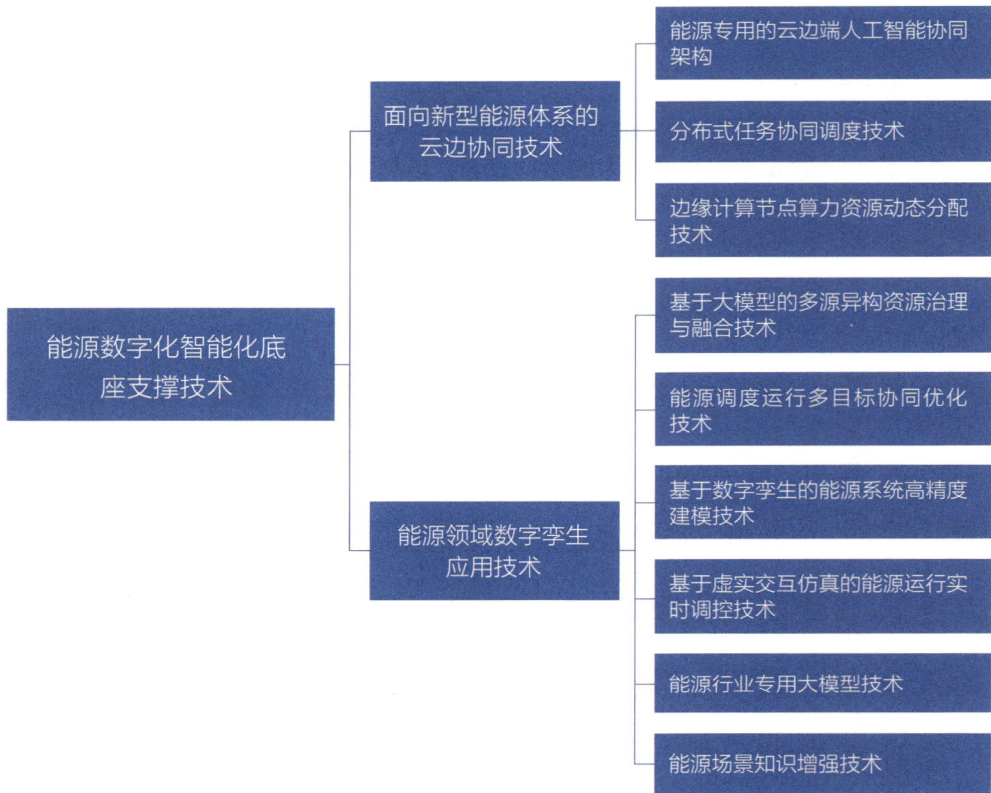

图 68   能源数字化智能化底座支撑技术领域科技创新重点方向

图 69   能源数字化智能化底座支撑技术路线图

确定性异构网络通信技术。 能源领域数据传输量大、实时性强，对通信水平的确定性、可靠性要求高。为保障能源关键信息的"准时、准确"传输，**重点发展**适配能源场景的时间敏感与高速可靠通信技术。

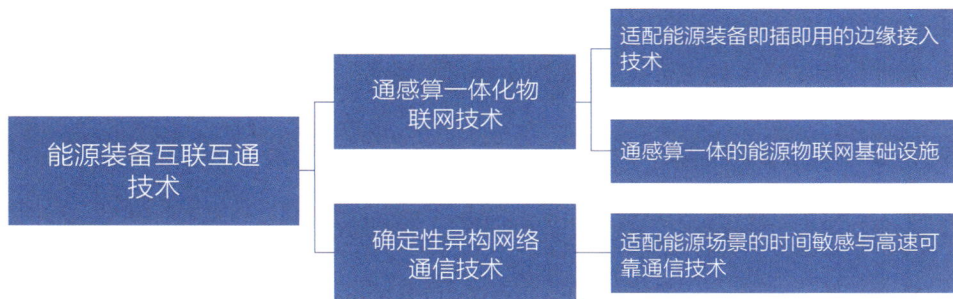

图 70　能源装备信息互联互通技术领域科技创新重点方向

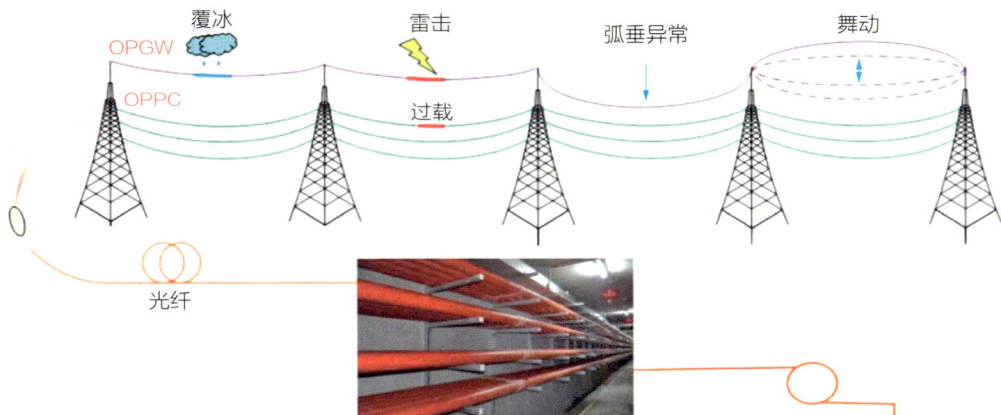

图 71　OPGW 光纤通信网络通感算一体化助力输电线路自然灾害监测

3. 终端能源装备智能化技术

能源装备智能感知与决策融合技术。聚焦能源装备全生命周期预测性维护需求，通过多模态数据融合与能源机理融合的人工智能算法，实现视觉、振动、光谱等非侵入式传感技术与边缘计算的融合应用。**重点发展**作业工况动态识别及故障早期预警等技术，推动能源装备从被动运维向主动管理升级。

具身智能终端与协同作业技术应用。提升装备在高危环境中的作业能力，构建人机协同的智能化作业体系。**重点发展多机器人协同与人机交互、轻量化具身智能平台等关键技术**。提升深水、高空、高温、高电压、高海拔等高危或极端环境下的人身安全、设备安全与作业安全。

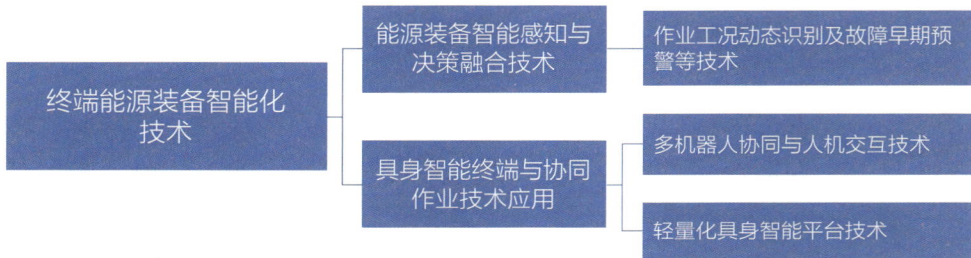

图 72　终端能源装备智能化技术领域科技创新重点方向

附表 1　面向未来的能源科技创新图谱

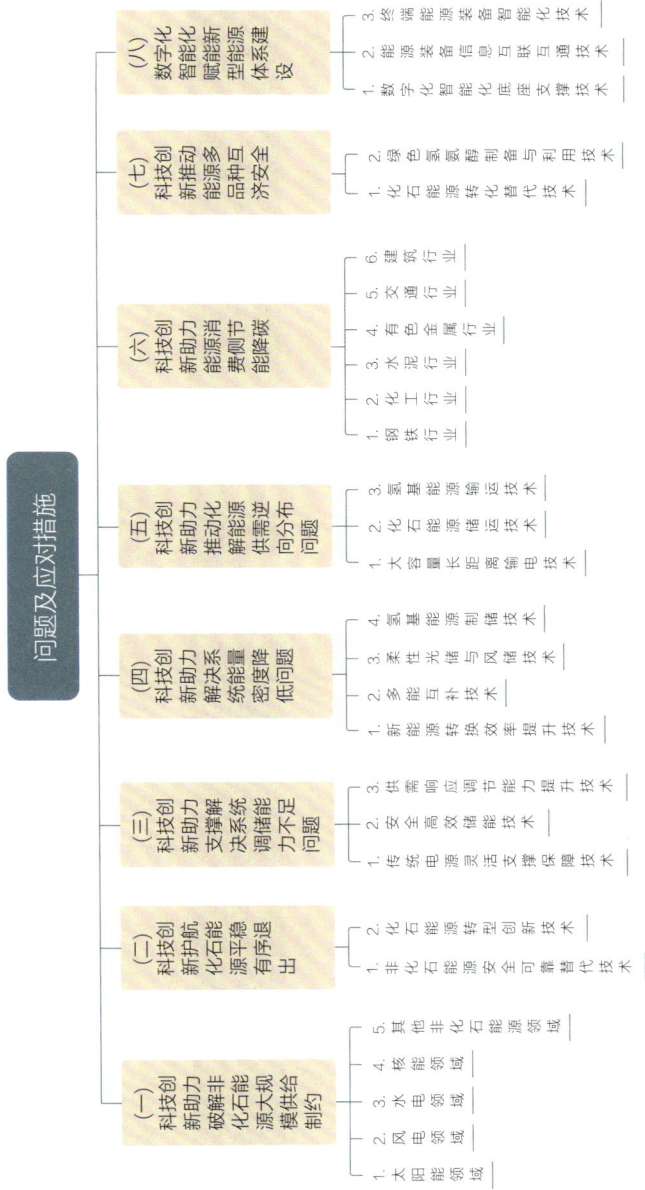

问题及应对措施

（一）科技创新助力破解非化石能源大规模供给制约

1. 太阳能领域
2. 风电领域
3. 水电领域
4. 核能领域
5. 其他非化石能源领域

（二）科技创新护航化石能源平稳有序退出

1. 非化石能源安全可靠替代技术
2. 化石能源转型创新技术

（三）科技创新助力支撑解决系统调峰能力不足问题

1. 传统电源灵活支撑保障技术
2. 安全高效储能技术
3. 供需响应调节能力提升技术

（四）科技创新助力解决系统量密度降低问题

1. 新能源转换效率提升技术
2. 多能互补技术
3. 柔性光储与风储技术
4. 氢基能源制储技术

（五）科技创新助力推动化解能源供需逆向分布问题

1. 大容量长距离输电技术
2. 化石能源储运技术
3. 氢基能源输运技术

（六）科技创新助力能源消费侧节能降碳

1. 钢铁行业
2. 化工行业
3. 水泥行业
4. 有色金属行业
5. 交通行业
6. 建筑行业

（七）科技创新推动多能源品种互济安全

1. 化石能源转化替代技术
2. 绿色氢氨醇制备与利用技术

（八）数字化智能化赋能新型能源体系建设

1. 数字化智能化底座支撑技术
2. 能源装备信息互联互通技术
3. 终端能源装备智能化技术

附表2 能源科技创新重点方向

问题应对措施	技术领域	技术方向	技术路线	技术发展现状	技术发展需求
（一）科技创新助力破解非化石能源大规模供给制约问题	1.太阳能领域	拓展太阳能开发利用新场景、新空间	固定桩基式等近海光伏技术	处于推广应用阶段，全球首个吉瓦级固定桩基式光伏项目实现首批光伏发电单元并网	利用近海空间太阳能资源，突破沿海地区土地资源约束，满足沿海地区部分能源需求
			深远海漂浮式光伏技术	处于小型试验阶段，多个团队在近海海域开展了小规模海试，装机量几十到几百千瓦	克服光伏开发空间瓶颈，利用深远海太阳能资源，满足偏远海岛能源需求，结合深远海风电、海水制氢等提高经济效益
			临近空间太阳能发电技术	处于理论和小型实验研究阶段，初步开展了平流层的小型试验验证	解决距离地面20～100千米的临近空间中地基观测和天基观测均难以实现长期原位探测的难题，为临近空间飞行器装备供电
			天基太阳能技术	处于理论和地面仿真空间研究阶段	利用空间的高太阳辐射和太空空间，通过微波传能，实现面向地面的全天候光伏发电供能
		创新太阳能发电技术	钙钛矿光伏电池优化和组件制造技术	处于中试阶段，实验室环境下电池最高效率超过27%，平米级组件效率已达20%	简化光伏生产流程，降低光伏组件生产成本，将光伏应用场景拓展到室内等弱光环境

续表

问题应对措施	技术领域	技术方向	技术路线	技术发展现状	技术发展需求
（一）科技创新助力破解非化石能源大规模供给制约问题	1.太阳能领域	创新太阳能发电技术	钙钛矿叠层光伏电池和组件制造技术	处于小型试验阶段，钙钛矿/晶硅叠层电池最高效率超过34%，组件最高效率达30%；全钙钛矿叠层电池最高效率超过30%	突破单晶光伏电池效率极限，进一步提高发电效率，并充分利用现有晶硅光伏产能，发挥我国晶硅光伏领先优势
			化合物叠层电池技术	处于量产阶段，用于空间等特殊场景设备供能，六结砷化镓电池最高效率为39.2%	解决光伏发电提效难题，为宇航等特殊场景提供高效光伏电池
			量子点太阳能电池技术	处于实验室研究阶段，钙钛矿量子点电池最高效率达到19%	拓展光电池新材料新结构，并调整带隙，拓宽吸收光谱，实现觉光谱利用
			有机光伏电池和组件制造技术	处于实验室研究阶段，有机光伏电池最高效率已突破20%，百平方厘米级组件效率达到10%	发展轻质、柔性、半透明、彩色组件，拓展光伏应用场景
			先进高效太阳能光热发电技术	处于推广应用阶段，全球首个"双塔"光热电站已投产；槽式光热发电技术持续迭代优化；菲涅尔式、碟式光热发电技术处于示范应用阶段，世界最大的10万千瓦熔盐线性菲涅尔光热电站已并网发电	解决可再生能源基地发电不稳定、惯量不足问题，提供连续稳定供电，为电力系统提供调频、调峰、惯量支撑等功能
			光伏全产业链零部件优化技术	处于国产化替代阶段，我国已具备光伏全产业链技术能力，光伏设计制造装备性能与国际先进水平存在差距	解决国产产品性能和可靠性不足的问题，力争达到国际先进水平
		推动太阳能发电装备回收循环利用	退役晶硅光伏组件回收再利用技术	处于小试验证阶段，组件总体质量回收率超过94%，银、铜等高价值组分回收率超过90%，全球首套块全回收再生光伏组件已研制成功	解决废弃光伏组件污染环境、高价值组分浪费等问题，实现光伏组件中银、铜等高价值块全回收再生玻璃、铝等基础工业品回收再利用

续表

问题应对措施	技术领域	技术方向	技术路线	技术发展现状	技术发展需求
（一）科技创新助力破解非化石能源大规模供给制约问题	2. 风电领域	拓展风电开发利用新场景、新空间	深远海漂浮式风电机组及平台装备技术	处于小规模工程示范阶段。20兆瓦漂浮式风电机组正在进行陆上测试，首台离海岸线100千米以上、水深超过100米的7.25兆瓦漂浮式风电机组已投运	突破风电开发空间，充分利用深远海域空间和风能资源，为海岛、油气平台、风电＋氢氨醇等深远海远海负荷供电
			深远海风电送出技术	处于技术研发阶段，尚未开展工程示范	解决深远海风电送出面临的海缆性能不足、换流损耗大等难题，确保深远海风电充分消纳
			高海拔、超高海拔风电机组	处于工程示范应用阶段，应用于海拔5200米的超高海拔风电机组已并网发电、5370米的风电机组正在施工建设	充分利用高原风能资源，为高海拔偏远地区提供充足的绿电供应
		创新风力发电技术	超导风力发电机技术	处于实验室研发阶段。目前正在研发100千瓦级超导风力发电机样机，受制于常温和高温超导材料未取得显著突破，研发进度总体较为缓慢	解决大容量风力发电机体积和重量过大的问题，满足风电机组容量进一步提高和开发深远海风资源的需求
			高空风力发电技术	处于技术路线探索和小型试验阶段。2×2.4兆瓦伞梯组合式高空风电项目、首个涵道式浮空风力发电系统均开展了试验测试	解决地面风电开发空间紧缺的问题，充分利用高空风能资源，促进相适应地区风力发电技术的多样化发展
			无叶片风力发电技术	处于研究起步阶段，国外一些公司研发了用于分布式场景的小叶片无叶片风力发电机组	充分利用城市屋顶、绿地等小面积区域的风能资源，便于就近消纳、耦合分布式光伏和储能，为城市提供绿电

续表

问题应对措施	技术领域	技术方向	技术路线	技术发展现状	技术发展需求
（一）科技创新助力破解非化石能源大规模供给制约问题	2. 风电领域	创新风力发电技术	风电关键零部件技术	处于国产化产品化阶段，20 兆瓦级大功率风电主轴轴承、增速齿轮箱轴承、变流器和控制器功率器件等初步国产化，但可靠性不足、未大批量应用	缩小国产化产品的设计、关键材料、制造工艺与国际先进产品的差距，解决试验测试和工程验证不充分、可靠性不足等问题
			风力发电设计专用软件系统	处于示范应用阶段，国内部分风电整机厂商、央企、研究院所等基于国外风力发电相关设计软件，但平台自主研发了风力发电相关设计软件，但国产化再利用技术尚不成熟	根据我国风力发电相关设计需求，健全国产化软件功能，提高仿真精度和可靠性
		推动风电装备回收循环利用	风轮叶片复合材料回收再利用技术	处于实验室研究阶段，拆解或打碎用于建筑材料和市政，或化学溶解、直接焚烧，经济效益差、易造成污染。高效环保低成本的回收再利用技术有待研发	解决废弃叶片处理污染环保等问题，研发高效环保低成本处理方法，将纤维和环氧树脂等转化为高附加值产品，并研发可回收的叶片复合材料纤维增材料
	3. 水电领域	拓展水电开发利用新场景、新空间	千米级水头大容量冲击式水轮机组技术	处于工程样机制造阶段，世界首台单机 500 兆瓦冲击式水轮转子已研制成功，水头近 700 米	高水头电站水流速度高，对机组材料及稳定性要求高，该技术可支撑我国西南地区高落差、小流量水电资源的规模化开发
			串珠式梯级电站协同运行技术	处于工程示范应用阶段，长江流域已实现 6 座巨型梯级电站协同调度	解决气象、水文、电网等跨系统协同响应难题，提高水资源综合利用效率，实现防洪、发电、生态等多目标效益优化
			超大规模地下洞室群长期运行安全技术	处于推广应用阶段，已实现世界最大地下洞室群白鹤滩水电站建设	突破复杂地质条件与超大跨度洞室工程建设施工保障难题对水电开发的制约，支撑巨型地下厂房水电站建设

续表

问题应对措施	技术领域	技术方向	技术路线	技术发展现状	技术发展需求
（一）科技创新助力破解非化石能源大规模供给制约问题	3. 水电领域	拓展水电开发利用新场景、新空间	高水头水电站引水防沙技术	处于推广应用阶段，当前已形成物理拦截、水力分选泥沙、机组结构优化以及耐磨涂层材料等技术体系	解决高流速、大比降、粗颗粒泥沙冲击等导致的设备磨损，发电效率下降及生态环境破坏等问题，保障水电工程安全高效运行
			大坝抗震安全技术	处于推广应用阶段，当前已经进入从"经验驱动"向"数据+模型驱动"转型，大坝监测、预警、加固、应急等能力持续提高	实现最大可信地震作用下不溃坝的目标，提高水电大坝安全可靠运行水平和应急能力
	4. 核能领域	拓展核能利用新场景、新空间	小型模块化反应堆技术	处于工程示范应用阶段，俄罗斯已实现海上可移动小型模块化堆反应堆的应用，我国"玲龙一号"是全球首个陆上商用模块化小堆，预计 2026 年建成投运	解决传统核电站建设成本高、周期长，以及选址受限，安全性要求等问题，借助模块化总体降低建造成本，缩短建造工期，提高电源部署灵活性
			核能多用途利用技术	核能供热技术处于推广应用阶段，实现跨地级市供热，"暖核一号"已经完成第 6 个核能供热季；核能供气技术"和气一号"已经建成投产，具备向石化基地 480 万吨/年的蒸汽输送能力	破解核电高成本困境，提升核电发展经济性，优化能源结构
			内陆厂址适应性提升技术	内陆压水堆技术处于推广应用阶段，我国首座核电站超大型冷却塔正在建设；钍基熔盐等其他技术尚处于工程样机制造阶段	发挥核电缓解内陆地区生态环境保护、电煤运输成本、电力供应等问题，不断提升安全保障措施与应急免底何工况下水资源安全以及公众安全

续表

问题应对措施	技术领域	技术方向	技术路线	技术发展现状	技术发展需求
（一）科技创新助力破解非化石能源大规模供给制约问题	4.核能领域	创新核能发电及利用技术	三代核电关键支撑与优化迭代技术	部分处于推广应用阶段，我国在三代核电主要二、三级核泵阀领域设备已实现100%国产化，少量装备、部件、技术尚存在短板	支撑核电自主发展，突破颈国产化瓶颈，兼顾保障核电关键泵阀装备长寿命，可靠性，确保核电运行与事故缓解绝对安全
			（超）高温气冷堆技术	处于推广应用阶段，我国已建成石岛湾高温气冷堆示范工程并投入商运，单堆热功率250兆瓦	通过特殊的堆芯和燃料设计，与传统轻水堆相比，降低了堆芯熔毁风险，实现固有安全性；提高工质温度参数，发电效率，拓宽制氢、化工、冶金等应用场景；通过模块化设计提高核电经济性
			钍基熔盐堆技术	处于工程样机制造阶段，甘肃武威2兆瓦液态燃料堆实验堆已建成运行，验证了700摄氏度高温输出，45%热电转换效率等核心参数	钍基熔盐堆具有常压运行，被动安全，负温度系数等优势，通过钍替代铀实现核反应堆运行安全风险可控，并解决钍资源可持续性与铀核废料处理瓶颈问题
			钠冷快堆技术	处于推广应用阶段，我国已形成完备的快堆科研技术体系，首台四代商用快堆CFR1000完成初步设计；俄罗斯在钠冷快堆领域处于全球领先地位，BN-600、BN-800已经实现商业运营，BN-1200M已经获批建设	作为当前快堆发展的主流堆型，具有增殖比高，嬗变长寿命放射性核素能力强，固有安全性三个优点，未来将作为重点发展钠冷快堆高性能燃料，耐辐照包壳材料，先进后处理，同址一体化循环，实现更高的安全，经济和可持续性
			铅冷快堆技术	处于工程样机制造阶段，俄罗斯于2021年开工建全球首座铅冷示范堆，设计热功率为300兆瓦，发电功率120兆瓦	具有固有安全性好，燃料利用率高，运行灵活性强等优势，可满足多场景，多用途的应用需求，尤其在核动力潜艇、核动力航母等军事应用领域展现出显著潜力，未来将重点攻关燃料、材料、关键设备等技术尽早实现工程应用

续表

问题应对措施	技术领域	技术方向	技术路线	技术发展现状	技术发展需求
	4.核能领域	创新核能发电及利用技术	可控核聚变技术	处于实验室研究与测试阶段，尚需跨越科学验证（净能量增益 $Q>10$）、工程实现和经济性三重门槛	需解决等离子体束缚与能量平衡困难，最终解决核能燃料可持续性与安全性，满足万年核能发展资源需求
（一）科技创新助力破解非化石能源大规模供给制约问题	5.其他非化石能源领域	生物质能领域	生物质气及化制备燃料乙醇技术	处于推广应用阶段，第一代基于淀粉类生物质制备乙醇技术已成熟，我国已掌握第二代纤维素生物质制备乙醇技术	生物质能量密度低，运输成本高，通过转化利用提升低品位生物质资源价值，并可实现废弃物资源化
			生物直接利用二氧化碳合成高碳醇技术	部分处于工程示范应用阶段，生物质制高碳醇已进入中试阶段；通过微生物重构代谢路径合成高碳醇转化效率低，尚处于实验室阶段	将工业排放的二氧化碳转化为高碳醇类，可作为绿色燃料添加剂替代传统化石燃料，直接用于交通、海运及航空领域，推动上述行业低碳减排
		地热能领域	深部地热能大规模勘探开发技术	目前处于工程示范阶段，尚需在精准勘探、超深井钻探、储层建造及取热等方面深入开展研究	深部地热能钻探成本、材料耐高温能性能仍是产业化瓶颈，诱发地震风险，但资源潜力巨大、清洁、无污染，具备承担基荷能源的潜力
			中低温地热能利用技术	处于推广应用阶段，中国地热直接利用规模居全球首位，利用方式以供暖为主	中低温地热能量品位低，主要解决低碳供暖、制冷以及非电领域化石能源依赖等问题
		海洋能领域	兆瓦级及以上大容量波浪能装备技术	处于工程示范应用阶段，我国兆瓦级波浪能装备"南鲲号"已并网运行，为世界首台兆瓦级波浪能装备，将波浪能转换为电能的整体效率提升至22%	波浪能量捕获成本、环境复杂极端，同时整体能量转化效率难以突破25%，但波浪能具备支撑破解海岛礁能源供给困境的潜力

续表

问题应对措施	技术领域	技术方向	技术路线	技术发展现状	技术发展需求
（一）科技创新助力破解非化石能源大规模供给制约问题	5. 其他非化石能源领域	海洋能领域	兆瓦级及以上大容量潮流能装备技术	处于工程示范阶段，英国 6 兆瓦潮流能示范电站已并网，包括四台 1.5 兆瓦机组，我国 1.6 兆瓦潮流能装备已实现运行	潮流能发电环境复杂，对装备可靠性要求高，但能量规律稳定，可预见性强，出力平稳，具备为远海海岛屿、海上平台等设施提供岸电能源的条件
			海洋温差能技术	处于实验室研究与测试阶段，我国已成功研制 50 千瓦海洋温差能发电系统样机	海洋发电需温定温差≥20 摄氏度，存在热力学效率瓶颈，但其理论储量大，能量稳定性强，具备潜在开发潜力
			海洋盐差能技术	处于实验室研究与测试阶段，全球均停留在实验室开展小规模原型装置研究	盐差能功率密度与能量转换效率低，但全球河口区盐差能理论储量达 30 千瓦，可利用量约 2.6 亿千瓦，具备成为基荷能源的潜力
（二）科技创新护航化石能源平稳有序退出	1. 非化石能源安全可靠替代技术	发展新能源友好电站技术	虚拟同步机（VSG）技术	处于推广应用阶段，变器采用 VSG 控制算法，实现一次调频功能，响应时间 <200 毫秒，调频容量达额定功率的 10%	解决高比例新能源并网导致的系统惯量不足问题，使逆变器具备惯量支撑性和电压自主支撑能力
			设备状态监测与故障诊断技术	处于推广应用阶段，国能宁东 200 万千瓦复合光伏基地项目实现项目吉瓦级电站全域感知、远程监控诊断	推动设备监测、运维向智能化方向演进，优化新能源电站的可用率、运维成本和发电效益
			新能源电站高速可信通信网络技术	5G-A 等新一代无线通信技术在新能源站领域或仍处于工程示范应用阶段	解决新能源电海量终端接入，极端环境可靠性，多业务协同等难题，满足新能源运维和智能调控实时需求

续表

问题应对措施	技术领域	技术方向	技术路线	技术发展现状	技术发展需求
（二）科技创新护航化石能源平稳有序退出	1.非化石能源安全可靠替代技术	推动新能源一体化调控技术	新能源高精度功率预测技术	处于推广应用阶段，风电、光伏场0～4小时超短期预测的均方根误差达到5%～8%	提高数据实时性和预测精度，降低电网运行风险，促进新能源消纳
			多时间尺度优化调度技术	处于推广应用阶段，实现"秒级调频-分钟级优化-小时级交易"全链条调度，时间尺度协调控制误差<1.5%	解决多主体协同，求解效率优化等难题，通过分层协同控制（秒级-分钟级-小时级-日前-中长期）实现新能源的高效消纳与电网稳定运行
			多能协同优化调度技术	处于推广应用阶段，优化变量规模达到百万级，计算实时性达到分钟级	解决电、热、氢等能源动态特性差异大、优化复杂度大、维数大等难题，实现能源系统的高效、低碳、灵活运行
	2.化石能源转型创新技术	新一代煤电技术——煤电安全高效运行技术	煤电数字化基础软硬件技术	处于工程示范阶段，已掌握DCS、DEH、SIS、TSI等系统全国产化技术	突破进口PLC、芯片等替代瓶颈，实现控制系统100%国产化，保障能源供应链安全，支撑煤电机组灵活调峰与碳捕集集成
			煤电机组全负荷调节自动控制技术	处于工程示范阶段，部分电厂已实现超临界机组20%～100%负荷范围自动调节	通过AI等工具实现多系统协同控制，极端工况自动调节，制粉系统自主决策启停，煤质波动自适应调整等难题，解决煤电灵活性与安全稳定性矛盾，支撑煤电机组宽负荷高效安全稳定运行

续表

问题应对措施	技术领域	技术方向	技术路线	技术发展现状	技术发展需求
（二）科技创新护航化石能源平稳有序退出	2. 化石能源转型创新技术	新一代煤电技术——煤电安全高效运行技术	煤电机组关键设备运行安全检测、寿命评估和风险预警技术	处于工程示范阶段，如国能宿正电厂智能锅炉CT系统可实现实时监测炉内温度场，爆管预测准确率提升40%，机组频繁启停对关键部件的寿命损耗无量化评估模型，缺乏健康状态监测和风险预警技术	攻克高温部件失效预警与多源数据融合难题，开发关键部件寿命精准评估及健康状态调控技术，实现关键设备全生命周期风险透视调控与缺乏深度调峰工况下机组安全运行和支撑深度调峰延寿决策
			超临界二氧化碳及超临界循环发电技术	处于实验室研究与测试阶段，西安热工院建成了5MWe超临界二氧化碳循环发电试验机组；青岛即墨复合工质发电项目将工业余热发电效率提升至18%	攻克近临界区工质物性剧变控制难题，解决多热源系统集成优化壁垒，效率与灵活性调峰技术选择，为煤电低碳转型提供新技术选择
			整体煤气化燃料电池（IGFC）发电技术	处于实验室研究与测试阶段，当前百万千瓦级IGFC系统发电效率≥91%	攻克SOFC电堆长周期运行瓶颈，解决系统集成经济性瓶颈，支撑煤电从"主力电源"向"高效调峰枢纽"转型
		新一代煤电技术——煤电清洁低碳技术	煤电燃烧后低能耗碳捕集装备关键系统集成技术	处于工业示范向规模化应用过渡阶段，泰州电厂50万吨/年项目化学法捕集率>90%，能耗≤2.4吉焦/吨，正宁电厂在建150万吨/年项目化学法吸收法捕集率>90%，二氧化碳纯度大于99.9%	突破高效率、强传质、低能耗技术瓶颈，解决捕集经济性、利用有效性、封存安全性的低成本规模化障碍，破解煤电高碳排放与效率矛盾
			煤电机组富氧燃烧发电技术	处于工业示范向工程验证过渡阶段，泰州电厂50万吨级富氧燃烧项目可实现CO_2浓度>90%，集成度80%	开发负荷快速变动条件下的富氧燃烧稳定机制，富氧燃烧锅炉等关键技术与装备等，推动燃煤电厂从"发电主体"转向"碳-电联产枢纽"转变

续表

问题应对措施	技术领域	技术方向	技术路线	技术发展现状	技术发展需求
（二）科技创新护航化石能源平稳有序退出	2.化石能源转型创新技术	新一代煤电技术——煤电清洁低碳技术	化学链燃烧技术	处于兆瓦级中试示范向工程示范过渡阶段，我国5兆瓦化学链碳捕集装备系统已成功完成试验	突破化学链燃烧锅炉本体关键装备和高效清洁灵活运行技术，提升燃烧效率和碳捕集效率；降低煤电二氧化碳能耗高的问题，通过载氧体分离二氧化碳，实现近零能耗碳捕集
			生物质掺烧技术	处于推广应用阶段，部分示范项目已实现最高25%掺烧比例	解决生物质燃料供应体系、设备可靠性、计量监管等难题，突破多源生物质大比例掺烧技术，利用生物质碳中性特性降低煤电碳排放
			绿氢（氨）掺烧技术	纯氢掺烧尚处于中试示范阶段，300兆瓦机组实现富氢燃料掺烧18%比例示范；绿氨掺烧处于工业示范及验证货荷阶段，已有300兆瓦和630兆瓦燃煤机组完成额定负荷10%掺氨工业试验，但尚无长周期运行工业示范案例	开发大比例掺烧清洁燃料安全高效燃烧、灵活调节以及污染物控制技术与装备，破解深度减碳与灵活掺烧双重约束下的大比例清洁燃料燃烧技术瓶颈，助力煤电向支撑性与调节性电源转型
		先进燃气轮机技术	燃气轮机整体自主设计技术	处于试验验证、工程示范应用与初步推广阶段，其中50兆瓦级燃气轮机处于工程示范应用并已进入推广应用阶段，300兆瓦级F级重型燃气轮机处于试验验证阶段	实现燃气轮机设计体系和高温部件制造技术突破，支撑能源安全与"双碳"目标实现
			重型燃气轮机热端部件制造技术	燃烧室、涡轮盘及部分分等级涡轮叶片处于工程示范应用阶段，300兆瓦级F级燃气轮机叶片处于样机试制阶段	突破大尺寸透平叶片精密铸造、精密加工、涂层制备技术，解决热端部件全链自主问题，实现设计-材料-制造全链自主

续表

问题应对措施	技术领域	技术方向	技术路线	技术发展现状	技术发展需求
（二）科技创新护航化石能源平稳有序退出	2.化石能源转型创新技术	先进燃气机技术	燃气轮机全过程灵活控制技术	整体处于工程示范应用与初步推广阶段，国内部分厂商TCS系统技术水平已具备实现燃气轮机启动时间缩短至12分钟、负荷响应速率85兆瓦/分钟	突破多变量强耦合控制、高温环境实时传感、高精度数字孪生模型等瓶颈，掌握燃气轮机控制策略和技术，实现全工况自主调控，支撑新型电力系统灵活性需求
			燃气轮机状态监测及故障诊断技术	处于工程示范应用阶段，惠州电厂开发的燃气轮机性能监测与故障趋势预警，实现关键参数偏差趋势预警，提前捕捉故障征兆	突破多源异构数据融合、早期故障微弱特征提取等难题，解决燃气轮机运维依赖人工经验与国外系统卡断问题，实现预测性维护
			燃气轮机高温部件修复技术	整体处于工程示范应用阶段，已具备复杂冷金属过渡焊接技术修复燃烧室外缸裂纹等问题技术能力	突破高温传感瓶颈和多技术融合，掌握燃气轮机修复全链条技术，打破西门子、三菱等原厂备件垄断，并减少非计划停机50%
			燃气轮机机组大比例掺氢（氨）燃烧技术	处于工程示范应用阶段，燃气轮机掺氢技术代表工程包括荆门30%掺氢燃机项目、抗汽轮40%掺氢烧至试验等；燃气轮机掺氨技术尚处于实验室研究与测试阶段	攻克回火与振荡控制、材料氢脆、燃料系统配性等技术瓶颈，解决深度调峰需求，实现近零碳排放；突破天然气进口依赖
			纯氢燃气轮机技术	处于工程示范应用阶段，"木星一号" 30兆瓦级纯氢燃气轮机在2024年点火成功	攻克回火与振荡控制、NOx排放抑制、材料氢脆等技术难题，解决深度脱氮需求
		推动煤炭安全绿色开发	低浓度煤层气（瓦斯）利用及乏风禁排放技术	处于工程示范应用阶段，已建成多座低浓度瓦斯发电站	解决低浓度瓦斯安全输送与经济提纯问题，实现禁排资源化，消除温室效应重要来源，增加清洁能源供给

续表

问题应对措施	技术领域	技术方向	技术路线	技术发展现状	技术发展需求
（二）科技创新护航化石能源平稳有序退出	2. 化石能源转型创新技术	推动煤炭安全绿色开发	煤矸石规模化无害化高值化利用技术	处于工程示范应用阶段，其中制砖、水泥等建材应用占煤矸石利用总量的60%以上	攻克化工产品提取经济性差难题，消除烧结氟逸出、酸浸重金属废水等风险；解决井下协同充填效率瓶颈，提高煤矸石利用率
			煤炭及共伴生资源综合开发技术	煤炭与煤层气共采技术处于推广应用阶段，"四区联动"井上下联合抽采模式实现瓦斯抽采率达84%；煤炭与金属矿产同开发技术处于工程示范应用阶段	解决多矿种协同勘探精度不足及高值化利用经济性差问题，实现能源资源约开发，突破矿权重叠与叠合矿采与设计计量全
			深井瓦斯风险原位随钻探测技术	达到技术研发和示范初期阶段，中煤科工YHD3泥浆脉冲随钻测量系统在晋城寺河矿应用，实现钻孔轨迹实时控制，传输距离>1000米	解决松软煤层井壁失稳导致载偏移及超深井高温仪器失效问题，实现瓦斯参数实时精准监测，满足煤矿高效抽采与动力灾害预警需求
			深地空间可控成形与复合灾害一体化防控技术	可控成形技术处于工程示范阶段，目前干米级超深科大陆科学探钻机已应用于深部资源开发，定位误差<0.5米	解决深部高地压、高瓦斯、高温、低渗透（三高一低）多场耦合致灾机制复杂导致精度不足问题，实现动力灾害主动拦截
			矿井智能控尘与净化技术	处于工程示范应用阶段，鲍店煤矿7302工作面智能跟随喷雾系统，全尘浓度降至10毫克/立方米以下	解决粉尘运移规律复杂导致分源防控难（尘源识别精度<60%）及高耗水技术不可持续问题，实现矿井空气水质净化，满足"零粉尘作业面"安全标准与绿色矿山节水减排需求

问题应对措施	技术领域	技术方向	技术路线	技术发展现状	技术发展需求
（二）科技创新护航化石能源平稳有序退出	2. 化石能源转型创新技术	推动煤炭安全绿色开发	露天煤矿连续、半连续工艺大型核心装备关键技术	处于工程示范应用阶段，国产首台套高寒地区轮斗连续采煤成套装备实现"一步式"系统组装，轮斗挖掘机线切割能力达 200 千牛·米，适应 -40 摄氏度环境及抗压强度 25 兆帕中硬煤岩	解决核心部件依赖进口及正向设计能力缺失问题，实现露天开采工艺升级与成本下降，满足矿山安全高效智能开采与装备自主可控战略需求
			露-井联合开采及压覆资源安全高效回收技术	处于示范应用阶段，平朔矿区露-井联采系统实现露天回采率≥96%，井工采率 85%	解决露天边坡失稳威胁井工安全及压覆资源勘探定位误差 >20% 问题，实现露天排土场、端帮压煤规模化回收，满足亿吨级资源释放与矿区土地复垦双重需求
			煤炭高精度智能分选技术	处于关键技术研究阶段，X 射线智能干选机可实现 >50 毫米块煤分选	解决细粒级煤识别精度不足及多系统协同控制难问题，实现精煤产率降低、过程少人化，满足动力煤降灰、原料煤提质、煤矿资源全组分精深分选需求
		推动油气智能高效绿色开发	万米深井智能钻机与超高压井口装备技术	达到工程示范阶段，全球首台 12000 米特深井自动化钻机已在深地塔科 1 井应用，载荷 9000 千牛，顶驱扭矩 80 千牛·米	突破 175 兆帕特高压密封技术瓶颈，解决多物理场耦合失稳难题，突破特高成本制约
			千米级单点系泊系统关键技术及装置	仍处于技术攻关阶段，当前我国实现了 500 米内转塔浮筒式系统应用	解决深水动态密封失效及极端海况系泊稳定性问题，实现深水油气田经济开发与离岸能源组自主建设

续表

问题应对措施	技术领域	技术方向	技术路线	技术发展现状	技术发展需求
（二）科技创新护航化石能源平稳有序退出	2. 化石能源转型创新技术	推动油气智能高效绿色开发	1500米以上水下油气生产技术及成套装备与系统研发	处于工程示范阶段，我国1500米水下采油树、管汇、控制模块等成套系统应用于"深海一号"超深水大气田，实现1500米级全海式开发	解决1500米超高压密封失效（泄漏率超标3倍）及深远海装备协同控制滞后问题，实现南海深水油气资源自主开发
			纳米材料协同二氧化碳驱油与埋存开采页岩油气技术	处于工程示范阶段，纳米协同二氧化碳驱在大庆古龙示范区提高采收率23.38%，降本40%	解决纳米材料团聚失效及二氧化碳-页岩-纳米颗粒多相耦合机制不明问题，实现陆相页岩油经济开发与亿吨级二氧化碳地质封存
			深层煤岩气超密缝网压裂技术	处于工程示范阶段，鄂尔多斯盆地超大规模极限体积压裂，实现单井日产气10.1万立方米	解决煤岩塑性变形致缝网扩展失控及超密支撑与导流能力矛盾问题，实现万亿方资源经济开发与单井产量突破
			中低熟页岩油原位转化开采技术	处于工程示范应用阶段，松辽盆地TSA法先导试验实现单井日产油1.5吨	解决超深加热效率低及多场耦合失控问题，实现万亿吨资源级商业化开发与亿吨级二氧化碳协同封存
			特高含水油藏提高采收率技术	处于推广应用阶段，胜利油田复合驱油田采用非均相复合驱技术，采收率突破63.6%	解决剩余油高度分散定位难及裂缝优势通道控水难问题，实现亿吨级剩余油经济开采与老油田寿命延长
			纳米智能驱油提高原油采收率极限技术	处于工程应用阶段，新疆油田使用中石油研制的"纳米水"驱油剂iNanoW，提高采收率17.2%～27.7%	解决纳米材料多功能集成矛盾及低渗孔隙智能靶向驱替机制不明问题，实现低渗透/特高含水油藏极限采收率与亿吨级难采储量动用

续表

问题应对措施	技术领域	技术方向	技术路线	技术发展现状	技术发展需求
（三）科技创新助力解决系统调储能力不足问题	1. 传统电源灵活支撑保障技术	新一代煤电高效调节技术	锅炉超低负荷稳燃技术	处于工程示范应用阶段，利用 DPRB 旋流燃烧器可实现 15% 负荷稳燃，燃用烟煤煤粉锅炉普遍可实现 30% 负荷稳燃，先进值达到 20%；燃用贫煤煤粉锅炉可实现 40% 负荷稳燃，个别机组实现 35% 负荷稳燃	攻克极低负荷火焰稳定性、水动力安全、NO_x 排放控制等难题，解决新能源消纳与电网调峰需求，实现煤电机组超低负荷超深度调峰能力
			煤电机组变负荷协调控制技术	处于工程示范应用阶段，已有 350 兆瓦超临界机组应用"小粉仓增强灵活储供系统"，变负荷速率达 3.5%Pe/min[1]；未配置储能系统燃煤机组，50% 负荷以上变负荷速率普遍 1%～1.5%Pe/min，先进值达到 2%Pe/min 左右，30%～50% 负荷下变负荷速率可达 0.8%Pe/min	克服制粉系统响应滞后、设备热应力剧增等瓶颈，开发机组蓄能评估及有存利用和关键部件健康状态调控技术，解决煤电响应速率不足问题，实现 4%Pe/min 快速调频能力
			煤电机组耦合（能）储热发电灵活技术	处于工程应用推广阶段，靖江电厂 660 兆瓦机组最小技术出力可降低至 25.65% 额定负荷，AGC 变负荷速率达到 3.91%Pe/min	攻克热／电系统耦合匹配、AGC 变负荷能力弱、热能转换效率优化等问题，解决燃煤供热机组调峰能力不足问题
			煤电机组自启停控制技术	处于工程示范应用阶段，国能泰州二次再热超超临界机组实现冷态启动至满负荷历时超过 8 小时	攻克超超临界机组多变量耦合控制，全程自动化衔接，设备可控性不足等问题，解决频繁启停调峰的人为操作风险与效率瓶颈，实现机组安全可靠自动启停，支撑日内启停调峰的电网灵活性需求

❶　%Pe/min 表示每分钟调节对应百分比额定功率。

续表

问题应对措施	技术领域	技术方向	技术路线	技术发展现状	技术发展需求
（三）科技创新助力解决系统调储能力不足问题	1. 传统电源灵活支撑保障技术	水电灵活调节技术	水电机组宽负荷瞬态控制技术	处于工程示范应用阶段，云南电网开发的水头自适应补偿技术应用于澜沧江流域电站，可实现负荷波动幅度≤0.25赫兹	攻克水头水波动导致叶响应非线性、甩负荷诱发高幅值压力脉动、水击效应致功率反调等瓶颈，解决负荷快速调节下的稳定性与安全性问题，实现±2%Pe/min瞬态响应能力
			跨流域水电站群协同调度运行技术	处于工程示范应用阶段，华能澜沧江跨流域集控系统覆盖11座电站，2000万千瓦装机，实现金沙江-澜沧江跨流域调度，响应时间≤5分钟	突破跨行政区/跨流域主体利益协调壁垒，水文-电力多目标耦合建模复杂性，极端天气下鲁棒性不足等瓶颈，解决"一库一调"导致的水资源跨流域浪费与调峰能力受限问题，实现跨流域水-电协同优化
			梯级水电智能调度运行技术	处于工程示范应用阶段，三峡梯级调度系统实现六库联合调度，支撑世界最大清洁能源走廊	突破多主体利益协调壁垒，水文-电力多目标耦合建模复杂性，径流不确定性量化难题，解决"单库独立调度"导致调峰能力受限问题，实现跨流域水-电协同优化
		核电灵活调节技术	核-高温储热系统耦合技术	处于工程样机制造阶段，石岛湾高温气冷堆核电站堆芯出口温度可达750摄氏度	突破核反应堆-储材料高温兼容性，强耦合系统热惯性控制、熔盐相变稳定性难题
	2. 安全高效储能技术	短时高频储能技术	飞轮储能技术	处于推广应用阶段，单机功率达到1～4兆瓦等级，电-电效率可达86%～90%，功率密度达到5～10千瓦/千克，循环次数可达百万次以上	解决大规模体列协同控制和大容量散热问题，实现高频次、长寿命，可快速响应的储能支撑和大功率的暂态支撑

续表

问题应对措施	技术领域	技术方向	技术路线	技术发展现状	技术发展需求
（三）科技创新助力解决调储系统调储能力不足问题	2.安全高效储能技术	短时高频储能技术	超级电容器储能技术	处于工程示范应用阶段，锂离子混合型单体容量达到15000法拉，能量密度突破80瓦时/千克，电-电效率>90%，且循环寿命可达50万~100万次	突破高比能混合型超级电容器电极材料和材料技术并开展规模化制备，满足快速响应、为电网提供平滑功率输出的需求
			高温超导储能技术	处于工程示范应用阶段，能量转换效率可达95%以上，响应速度达到毫秒级。已有全球容量最大的高温超导储能装置在建	突破临界电流密度瓶颈，满足平抑风光发电波动、抑制电压骤降，保障高精尖企业供电质量等场景需求
			高倍率电池储能技术	处于工程示范应用阶段，以硅碳负极/高镍三元正极为主流技术路线，单体电芯容量为5~50安时，可实现1C至6C的放电倍率	解决快充时负极易产生锂枝晶引发短路的安全性问题，满足更高倍率和更快充电的需求
		中短时储能技术	锂离子电池储能技术	处于推广应用阶段，单体电芯容量向300安时以上提升，电-电效率可达85%~90%，能量密度达150~210瓦时/千克，循环次数为12000次	提升电池能量密度、循环寿命、拓宽工作温度范围，为电网提供调频调峰、保障电力和能量管理等
			钠离子电池储能技术	处于工程示范应用阶段，已有200安时以上工程应用案例，电-电效率为85%~90%，能量密度为120~160瓦时/千克，循环次数为3000~5000次	提升电池容量、能量密度、安全性，实现温度敏感性高、安全性高的场景下作为锂离子电池储能的重要补充
			固态电池储能技术	处于工程示范应用阶段，部分半固态电池已实现商业化应用，电-电效率达85%~90%，能量密度可达250~400瓦时/千克，循环寿命约3000~6000次	突破界面阻抗高、电导率低、材料成本高，生产工艺复杂等问题，提升各类应用场景下的储能安全性

续表

问题应对措施	技术领域	技术方向	技术路线	技术发展现状	技术发展需求
(三)科技创新助力解决调储系统调储能力不足问题	2.安全高效储能技术	中短时储能技术	铅炭电池储能技术	处于工程示范应用阶段，已有100兆瓦/1000兆时示范项目，电-电效率为75%~85%，能量密度40~60瓦时/千克，循环次数600~2000次	解决循环寿命较短、放电深度有限、能量密度低等问题，满足工商业储能、5G基站储能及家庭储能等场景需求
			压缩空气储能技术	处于推广应用阶段，机组容量涵盖百千瓦级至350兆瓦容量等级，储能时长一般为4小时以上，电-电效率可达65%~75%，电站寿命超过30年	研制高负荷高效率压缩机/膨胀机、低成本高性能蓄热换热器、高可靠储气室(仓)等，提供调峰、黑启动等服务
			液流电池储能技术	处于推广应用阶段，以全钒液流为主要技术路线，电-电效率为70%~75%，循环次数超过20000次；铁铬、锌溴、水系有机液流电池新体系持续发展	提升液流电池效率和系统稳定性，为电网提供调峰等服务，有效平衡电网供需关系，提高电网的可靠性和稳定性
		长时储能技术	液态压缩空气储能技术	处于工程示范应用阶段，在建电站最大规模达到60兆瓦级，电-电效率为50%~60%，电站寿命超过30年	突破大功率透平机械、大温跨宽温区的抗疲劳低温换热器等装备，满足8小时以上的长时储能应用
			重力储能技术	处于工程示范应用阶段，竖井式重力储能单机功率达到10兆瓦，电-电效率在65%~75%，使用寿命在40年以上	解决重力储能系统集成优化、多机协调控制等问题，满足调峰、应急备用、容量支撑等场景需求
			高效热泵储能技术	处于工程示范应用阶段，电站功率在1~100兆瓦范围内，电-电效率达到60%~75%，能量密度可达20~60千瓦时/立方米，电站寿命超过30年	解决热能储存效率低、系统复杂性高等问题，实现与余热回收、光热发电、建筑供暖、电力调峰等多场景耦合应用

续表

问题应对措施	技术领域	技术方向	技术路线	技术发展现状	技术发展需求
（三）科技创新助力解决系统调储能力不足问题	2.安全高效储能技术	长时储能技术	氢/氨储能技术	处于工程示范应用阶段，在氨分解制氢催化剂、低温低压合成氨等方面取得进展，电-电效率20%～50%，适合跨日、跨季长周期储能需求	解决低效率、高能耗、高安全风险、高成本等问题，满足跨日、跨季长周期储能需求
			高效低成本长周期热储能技术	处于工程示范应用阶段，主要类型有显热储能、潜热储能、热化学储能等，目前已建成10万千瓦级、8小时熔盐热储能项目	开发新型储热材料，解决储热密度低、能量损耗大、系统设计复杂等问题，实现适用于跨季节调节的长时间能量存储
		抽水蓄能	1000米级水头抽水蓄能电站机组关键技术	处于工程示范应用阶段，国内单机容量最大达400兆瓦，700米水头达机组已实现国产化并达到国际先水平	优化材料选择，制造工艺等环节，满足提升电网灵活性、稳定性和可再生能源消纳能力的应用需求
			抽水蓄能机组工况快速转换相关技术	处于工程示范应用阶段，通过采用全功率变频器和智能蓄能控制策略，实现了发电与抽水工况之间的快速切换	克服频率波动和运行不稳定等问题，实现有效应对电力需求的快速变化，提高电网运行的灵活性和稳定性
	3.供需响应调节能力提升技术	供需响应调节能力提升技术	负荷精细化预测预警	处于示范应用阶段，当前人工智能负荷预测系统负荷预测目前准确率可达97%以上	解决传统模型泛化能力不足和电动汽车等新兴主体规模化接入带来的负荷强波动性和随机性问题，通过开发新模型，提升负荷预测精度
			虚拟电厂组网与协调同控制	处于示范应用阶段，国内多个虚拟电厂项目调度资源规模迈向百万千瓦级并持续扩大	解决虚拟电厂资源调节能力挖潜，并网安全运行等问题，实现社会闲散能源资源的充分利用与安全可靠并网运行，同时确保用户资源使用和电网运行的安全性

续表

问题应对措施	技术领域	技术方向	技术路线	技术发展现状	技术发展需求
（三）科技创新助力解决系统调储能力不足问题	3. 供需响应调节能力提升问题	供需响应调节能力提升技术	负荷侧资源灵活互动技术	处于示范应用阶段，2025年3月，我国已启动首批车网互动规模化城市及项目应用试点	从硬件设备、软件系统、商业模式等多方面解决灵活车网互动调节的问题，确保调度指令能快速准确地分解执行，维系电网安全稳定运行，并建立可持续运营模式
			新能源资源预测与协同规划技术	处于示范应用阶段，我国开发的风能、太阳能气象预报系统已具备资源精细化监测评估和从短期到和年度全尺度的预报服务能力	通过提升气象预测精度，开发新模型等方式，解决新能源发电多时间尺度精确预测问题，显著提升能力可控能力和电网安全稳定性，并为电力交易提供可靠信息
			分布式电源集群聚合与群控群调技术	处于示范应用阶段，我国已有多个分布式光伏集群项目，采用"云边协同"群控架构，通过AI预测光伏出力并接受电网调控	解决高渗透率分布式电源并网下的配网运行安全问题，提高分布式电源集群可控能力，实现可观可控的主动友好配网
			多层级多资源跨时空平衡与智能调控技术	处于示范应用阶段，在国调、网调、省调等调控中心部署建设新一代智能调度系统，跨区域资源协同调控支撑多层级、跨区域资源协同调控	解决系统整合资源、协同优化调问题，实现资源高效利用与海量资源接入敏捷响应，提升系统运行稳定性、灵活性、可持续性
			海量市场主体出清技术	处于示范应用阶段，2024年11月，南方区域电力市场完成首次全月结算试运行，参与主体近千家，交易规模近30亿千瓦时	解决计算效率、计算规模等问题，并兼顾公平性原则，满足海量资源接入后的快速决策需求，实现电力资源配置整体最优，高效且保证公平
			全国统一电力市场仿真技术	处于研究与测试阶段，国家电网、南方电网正在开展全国统一电力市场仿真技术研究，已将电力仿真软件上线至调度云平台	解决统一电力市场复杂多场景下运行量化计算和规则验证问题，为市场监管和主体决策提供参考，为规则设计与风险防控提供保障，实现全国资源优化配置

续表

问题应对措施	技术领域	技术方向	技术路线	技术发展现状	技术发展需求
（四）科技创新助力解决能量密度降低问题	1. 新能源转换效率提升技术	风电领域	风电长柔叶片和超高塔架技术	处于应用推广阶段，顺应风电机组大型化趋势，目前已吊装的最长叶片长147米，最高的混塔高度达到190米	解决单机容量和风轮直径不断增大，塔架高度不断提高带来的叶片颤振、涡机振动等挑战，提高可靠性，充分利用更高处的风速，提高发电量，降低成本
			双（多）转子风电机组技术	双转子风电机组处于工程示范阶段，2×8.3兆瓦双转子海上漂浮式风电机组已投运。多转子风电机组仍处于研究阶段	突破风电机组容量上限，提升风轮之间区域的风速；降低载荷，节约用海面积
			双风轮风电机组技术	双双风轮风电机组处于工程示范阶段，我国首台双风轮双风电风电机组开展了示范运行	实现风能梯次利用，提高风能捕获效率，提高风电场发电量，并可节约用地面积
			下风向两叶片风电机组技术	处于样机研制和试验阶段，世界最大样机容量6兆瓦	解决风电机组部件运输、吊装、维护成本高的问题，降低机组重量，实现降低成本目的
		太阳能发电领域	高效全钝化接触晶硅电池量产制造技术	TOPCon, HJT 和 xBC 电池均已实现量产，量产效率均达到25.5%以上	响应光伏进一步降本增效需求，通过优化产工艺，提高发电效率和双面率，降低成本
			高效稳定钙钛矿组件量产制造技术	处于中试生产阶段，平米级钙钛矿组件量产效率仅为15%左右，全球首条百瓦级钙钛矿组件产线已投运	解决大面积钙钛矿组件效率低、稳定性差的难题，发挥柔性、轻质、彩色、半透明组件及专用于室内电子产品的小型钙钛矿电池，拓展光伏应用场景
			高效钙钛矿晶硅叠层电池技术	处于实验室研发阶段，目前尚未实现量产，实验室效率超过34%	突破晶硅光伏效率瓶颈，结合晶硅电池长寿命、性能稳定和钙钛矿电池弱光性能好的优势，进一步提高效率和应用场景适配性

续表

问题应对措施	技术领域	技术方向	技术路线	技术发展现状	技术发展需求
（四）科技创新助力解决能量密度降低问题	1. 新能源转换效率提升技术	太阳能发电领域	大容量高灵活光热发电技术	处于应用推广阶段，目前 10 万千瓦光热发电系统已实现工程应用，20 万千瓦系统正在设计中，30 万千瓦系统技术正在研发	解决风电和光伏电消纳难题，通过与储热技术相耦合提高系统灵活性，与风电和光伏发电互补，为电力系统提供主动支撑
			超临界二氧化碳光热发电系统技术	处于装备研制和工程示范阶段，全球首座超临界二氧化碳光热发电机组已投运，发电机组容量为 200 千瓦级	突破光热发电运行温度和换热效率瓶颈，利用超临界二氧化碳布雷顿循环效率高、绿色安全无毒的优势，提高光热转化效率和发电效率
	2. 多能互补技术	多能互补技术	多能互补系统供需平衡机理及智能求解技术	处于推广应用阶段，多能系统级耦合模型，多目标优化算法，实现分钟级实时调度	解决多能流动态耦合建模，多目标多时间尺度耦合优化，超高维需求求解难题，实现能源供需的动态平衡
			沙戈荒大基地一体化调控制技术	处于推广应用阶段，已建成万千瓦级"沙戈荒"基地一体化智慧运行控制平台，具备新能源场站的全场景数智化管控，协同控制能力	解决沙戈荒新能源基地电网支撑能力弱、波动性大、宽频振荡风险高等问题，实现沙戈荒风光安全稳定经济运行
			跨流域风光储协同调度技术	处于工程示范应用阶段，已构建"龙头水库 + 梯级电站 + 抽水蓄能"三级调节架构，实现年/季/月多时间尺度协同调度，优化中长期广域协调运行框架	解决风 - 光 - 水文耦合精准预测，水库群多维度协同调度与风光储多能源耦合系统建模，跨区域协调优化问题
			多场景综合能源多能互补技术	处于推广应用阶段，目前已在城市、高耗能工业园区、县域、海岛等场景开展大量的示范项目，正在开展规模化推广应用	解决多场景高比例可再生能源接入下的系统稳定性、用电经济性、多能耦合和梯级利用等难题，实现多场景能源的稳定供应利用和高效利用

续表

问题应对措施	技术领域	技术方向	技术路线	技术发展现状	技术发展需求
（四）科技创新助力解决系统能量密度降低问题	3. 柔性光储与风储技术	柔性光储与风储技术	柔性光（风）储直流一体化协同控制技术	柔性光储处于工程示范应用阶段，已在部分分散电网、光储充一体化电站中应用，已研制出1500V直流柔性光储充系统；柔性风储处于研究阶段	对于柔性光储，需解决系统稳定性与动态响应、光储一体化协同控制、直流配电多能协同等难题，降低光伏发电出力波动性；对于柔性风储，可利用风机旋转动能将动能转化为势能，存储在弹簧、储气罐、液压缸等设备，用于平衡调节风机出力
			模块化直流储能系统均衡技术	处于工程示范应用阶段，储能系统不均衡度<2%，主动均衡技术均衡效率达85%～95%，分布式均衡达90%～97%，智能均衡达95%以上	解决储能单体间、模块内、系统级（SOC）不一致，功率分配不均衡问题，实现高精度SOC估计与保护难题，实现效率提升，成本下降，寿命延长的综合效益
			柔性光储直流一体化模块配比技术	处于工程示范应用阶段，云南"光储直柔+全直流充电桩一体化系统"总配电容量达到700千瓦以上，泰开光储直柔工业园光伏自发自用率达到90%	解决"直流-交流-直流"转换效率低、发电-用电动态匹配难等问题，重构光储系统架构，优化能量路径，实现光伏、储能与负荷的精准匹配与协同控制
	4. 氢基能源制取技术	高效氢基制取技术	低电耗大电流密度碱性电解水制氢技术	处于工程示范应用到推广应用阶段，当前碱性电解水制氢直流电耗为4.2～5千瓦时/标准立方米，电流密度为0.5～1.2安/平方厘米；质子交换膜电解水制氢直流电耗为4～4.5千瓦时/标准立方米，电流密度约达2～3.6安/平方厘米	研发耐腐蚀高电流密度低衰减碱性电解槽催化电极、非金属材料耐腐蚀隔膜级板等关键设备，开展电解槽流场优化与气泡管理研究，解决当前制氢技术电流密度低、制氢能耗高的问题

续表

问题应对措施	技术领域	技术方向	技术路线	技术发展现状	技术发展需求
（四）科技创新助力解决能源系统能量密度降低问题	4. 氢基能源制储技术	高效氢氨醇制取技术	高动态响应速度、低启动时间电解水制氢技术	处于推广应用阶段，当前碱性电解槽的响应速度约为5%～10%/秒，热启动时间可达分钟级、冷启动时间为小时级；质子交换膜电解槽变载速率达10%/秒，热启动时间达秒级	研究碱性电解槽用新型复合隔膜等关键设备，解决电解设备催化剂与电极稳定性不足、设备热惰性大、碱性隔膜氢氧互窜等问题，提高电解系统动态控制和功率匹配能力
			低能耗绿氨（醇）等氢基可持续燃料制备技术	处于推广应用阶段，当前绿氨合成工艺主要为高温高压哈伯法，耗能为10.5～12千瓦时/千克；电制甲醇通过二氧化碳加氢催化制备，生产能耗为13～15千瓦时/千克	开发强耐久性高催化活性新型催化剂等关键材料，以及宽负荷气化合成反应器等关键设备，满足常温常压、低能耗合成氨的生产需求，以及低成本绿色甲醇燃料生产的需求
			高效率太阳能光分解水制氢技术	处于实验室研究与测试阶段，我国已实现太阳能光分解氢气制取在特定工况下3%的转化效率	研制改进光催化剂、助催化剂等关键材料，形成太阳能光催化制氢工艺流程包，克服光催化剂可利用光的波长范围窄、太阳能利用效率较低等问题，满足规模化、工程化的光分解制氢工程需要
			长寿命制氢电解槽技术	处于推广应用阶段，当前我国主流先进碱性电解槽设备寿命可达4万～6万小时	研究长寿命耐腐蚀电解电极、高耐久性隔膜等关键设备，延长电解设备大修周期，降低检修维护成本和时间损失，长期稳定电解水制氢规模化，满足规模化制氢需求

续表

问题应对措施	技术领域	技术方向	技术路线	技术发展现状	技术发展需求
（四）科技创新助力解决能源系统能量密度降低问题	4. 氢基能源制储技术	高效氢氨醇制取技术	筑运行负荷制氢电解槽调节技术	处于工程示范应用阶段，当前实际制氢系统的调节范围可达30%~110%	研究耐腐蚀电极材料，优化隔膜及流道结构设计用于适应负荷波动，提高制氢的灵活性和利用小时数，解决电解水制氢与上游波动性电源的适配问题
		高能量密度氢能存储技术	高压储氢和地质储氢关键技术	高压气态储氢处于推广应用阶段，当前固定式高压气态储氢容器设计压力可达103兆帕，单罐最大储氢量可达61千克。地质储氢处于工程示范应用阶段，美国得克萨斯州全球最大地质储氢库容量达90万立方米，压力最高达20兆帕	攻克临氢材料焊接、缠绕容器设计制造、储氢库勘探设计等技术问题，实现氢能规模化、高密度、低成本存储，解决氢能供需错配问题
			低能耗氢氢液化和液氢存储技术	处于推广应用阶段，全球最大液化系统达30吨/天，液化能耗约9.5千瓦时/千克，我国已实现5吨/天液化系统投产运行，液化能耗约11.8千瓦时/千克；美国国家航空航天局全球最大低温液氢球罐容量达3800立方米，并正在建设4730立方米低温液氢罐	掌握正仲氢转化催化剂制备，大功率透平膨胀机制造，液氢存储绝热等技术，满足高效、低成本储氢制取，储存需求，推动液氢无人机、液氢重卡等新兴产业发展
			高储氢密度固态和液态储氢技术	处于工程示范应用阶段，日本已完成全球首次基于甲基环己烷的氢气海上运输，我国成功研制全球首个48000标方镁系固态储氢撬块	解决储氢材料储氢密度低、加脱氢能耗高、催化剂循环寿命数低等问题，推动材料储氢在远洋运变、民用两轮车等多元场景的应用

续表

问题应对措施	技术领域	技术方向	技术路线	技术发展现状	技术发展需求
（五）科技创新助力推动能源化解新能源供需逆向分布问题	1.大容量长距离输电技术	大容量长距离输电技术	极高比例新能源或纯新能源特高压柔性直流输电技术	处于推广应用阶段，世界首个±800千伏/5吉瓦柔性特高压直流与乌东德工程已经投运，国际容量最高的甘肃—浙江±800千伏/8吉瓦特高压直流工程正在建设，建成后预期每年可向浙江送电超360亿千瓦时，促进新能源电量消纳超210亿千瓦时	研发高参数、高过载能力的IGBT或IGCT等全控器件，高海拔大容量柔直换流和换流变等装备，柔直系统主动支撑技术，解决大规模新能源超远距离安全送出问题
			柔性低频交流输电技术	处于推广应用阶段，杭州220千伏柔性低频输电工程，容量为300兆瓦，额定频率20赫兹，系目前国际上电压等级最高、容量最大的低频海上输电工程。正在开展世界首个220千伏柔性低频海上工程项目建设	研究新型高压大容量变频器、风机、变压器、断路器等低频设备的优化设计和性能提升技术，攻克柔性低频输电组网技术，解决与工频电网的协调控制问题，潮流控制和继电保护问题
			深远海风电低成本高效直流汇集及柔性直流送出技术	处于研究设计阶段。广东阳江三山岛500千伏海陆一体风电柔直送出工程，采用海上直流汇集、直流送出技术，总线路长293千米（海底电缆115千米、陆上线路178千米），投产后预计年输送清洁电能60亿千瓦时	研究千万千瓦级深远海风电集群直流汇集群直流汇集，提出远海风电直流汇集及送出系统设计方案，解决海上交流汇集－直流送出换流平台造价高昂、汇集能力弱、损耗大的问题
			大电网运行风险评估评价与稳定控制技术	处于推广应用阶段，我国大电网风险评估已实现省级及以上100%覆盖，动态评估同周期缩短至10分钟；安全稳定控制系统响应时间小于100毫秒；暂态稳定预警准确率超92%	解决高渗透率电力电子系统谐振稳定和换流器驱动稳定、传统功角、频率、电压三大稳定问题；解决新能源主导面频繁越限，调节能力不足导致的弃电，高渗透率下的频率和振荡稳定性。海量主体调度管理等问题
			极端条件下电网安全防御及恢复技术	处于推广应用阶段，省级电网实现72小时台风路径误差≤70千米，安全稳定控制高占比新能源区域响应时间小于80毫秒，高占比新能源区域具备100毫秒内一次调频响应能力	研究新型电力系统气象感知与预测技术；研究新型调控资源集群稳定支撑技术，实现大扰动下高比例新能源主动支撑技术，新型构网设备主动支撑，新比例新能源接入电网难以协同控制

续表

问题应对措施	技术领域	技术方向	技术路线	技术发展现状	技术发展需求
（五）科技创新助力推动化解能源逆向供需向分布问题	1. 大容量长距离输电技术	大容量长距离输电技术	超长距离特高压交流气体绝缘金属封闭输电线路（GIL）技术	处于示范应用阶段，苏通 1000 千伏交流特高压 GIL 综合管廊工程，采用敷设于管廊（隧道）中的两回（6 相）1000 千伏 GIL，总长 34.2 千米，是世界上电压最高、距离最长、容量最大的 GIL 工程，显著提升华东电网接受受电能力和苏南苏北过江输电能力	解决特高压 GIL 高可靠绝缘设计，隧道内 GIL 柔性设计和密封技术，超长距离 GIL 安装与检测技术等难题，掌握绝缘件设计、抗震设计等 GIL 设备关键技术
			可控换相流器技术	处于工程推广应用阶段，研制出了国际首个 500 千伏 /1200 兆瓦可控换流阀，实现葛洲坝－南桥直流工程改造，标志着世界首个基于可控换相器的直流输电系统进入商业运行	解决换相失败等常规直流输电固有技术难题，通过采用全半控电力电子器件混联构成的双支路拓扑结构，实现换流相失败主动关断，成功 100% 抵御换流失败
			高压环保型开关制造技术	处于工程应用推广阶段，110 千伏、220 千伏 GIS 母线，隔离开关已全面推广使用 SF₆/N₂ 混合气体，正在开展 220 千伏 C4 环保型 GIS，500 千伏真空环保型 GIS 研制，110～1000 千伏系列 SF₆/N₂、C4 混合气体绝缘 GIL 已完成样机研制	减少 SF₆ 使用量，解决新型环保气体选设计困难，高纯度气体效率制备难，新型环保设备绝缘、相容性和开断能力尚不明确，配套运维体系及装备缺乏的问题
			4.5 千伏 /6 千安及以上绝缘栅双极型晶体管（IGBT）制造技术	处于工程样机制造阶段。基于 6.5 千伏 /3 千安 IGBT 的换流阀，已在昆柳龙直流工程挂网测试运行，4.5 千伏 /6 千安器件正在研制	开展器件与装备低损耗、高过载负荷、高可靠、耐高温等关键技术研究，实现大功率运行可靠性和稳定性提升，助力提高电力电子装备功率密度
			大载面 / 特高压交直流绝缘电缆材料及制备工艺技术	处于实验室研究阶段。目前我国已研制 535 千伏直流电缆已投入使用，已完成全球最高电压等级的交流 750 千伏电力电缆局部放电和 2 倍运行电压的例行试验	开展高电压等级电缆绝缘材料研发及电缆制备工艺提升，解决聚丙烯电缆机械特性、耐热性与稳定性特性差，直流电压下聚乙烯绝缘材料内部空间电荷积累，交联聚乙烯材料环保特性差，难以回收的问题

续表

问题应对措施	技术领域	技术方向	技术路线	技术发展现状	技术发展需求
（五）科技创新助力推动化解能源供需逆向分布问题	2. 化石能源储运技术	化石能源储运技术	大口径油气管道高效建设运行技术	处于推广应用阶段，X80钢级大口径厚壁钢管国产化率达95%，焊接技术已具备自动化焊接能力	解决高强度材料与焊接技术瓶颈问题，大口径管道可显著提升输送效率，降低工程成本和物料本程成本和物料需求
			氢氨醇油气管道运关键技术	处于工程示范应用阶段，美国现已有4830千米液氨管网	解决管材与设备兼容性适配问题，氢气采用管道输运比长输拖车可大幅降低氢成本；氨和甲醇作为氢载体，储氢密度更高，常压下即可呈液态储运，大幅降低储运难度和成本
			地下空间大规模油气存储技术	处于推广应用阶段，截至2024年底我国已建成地下储油气库超38座	解决地质结构稳定性和整体建造密封性问题，地下储油气库作为战略储备设施，可调节平衡油气供应波动性，地下储油气库是应用最广且最为经济有效的调峰储备方式。地下车建设成本仅为地面设施的1/10，且节约90%以上土地资源
			关闭退出煤矿地下空间多元利用技术	处于关键技术研发阶段，国外已有多种利用形式，我国在能源领域已规划压缩空气储能、抽水蓄能等多种利用形式	煤矿地下空间利用面临地质风险，技术集成等挑战，该技术应用可同提高空间利用效率，推动生态修复，支撑能源转型等
			二氧化碳长期安全封存及监测、驱油管气开采技术	处于工程示范应用阶段，当前驱油驱气技术已经从实验阶段迈向工业化应用，但长期安全封存监测尚未经过验证	解决二氧化碳驱油驱气效率及二氧化碳泄露问题，实现二氧化碳封存的同时提高油气藏采收率，经济效益和社会效益双赢
	3. 氢基能源输运技术	氢基能源输运技术	高压、大输量天然气管道改输氢、纯氢管道输送技术	处于推广应用阶段，全球氢能管道已超过4000千米，其中美国以纯氢管道为主，管道长度超过2700千米，欧洲以天然气管道掺氢、改输氢气为主，长度超过1500千米	克服临氢材料氢脆性评估、天然气管道掺氢或改造等问题，实现大规模、远距离氢能输送，加强绿氢产业的规模、远距离氢能输送，加强区域协同

续表

问题应对措施	技术领域	技术方向	技术路线	技术发展现状	技术发展需求
（五）科技创新助力推动化解能源逆向分布问题	3. 氢基能源输运技术	氢基能源输运技术	低温液氢槽车及液氢加注关键技术	处于工程样机制造到示范应用阶段，我国已有40立方米民用低温储液氢槽车，百公斤级运氢液氢供气系统已通过测试	解决液氢存储蒸发损失高、液氢增压泵易气化等技术难题，发挥液氢能量密度高的优势，满足中长距离重卡、轨道交通、无人机等交通方式的低碳化发展需要
			大运量管束式集装箱和固态运氢车关键技术	大运量最大管束式集装箱处于推广应用阶段，全球最大管束运氢压力达到52兆帕，单车运输能力达破1000千克，百公里运氢最大仅为30兆帕，我国最大处于工程示范应用阶段，650千克。固态运氢车处于工程示范应用阶段，全球运氢吨级固态运氢车已实现示范应用	掌握高压气瓶内胆成型、高压瓶口阀设计制造、高容量固态储氢材料量产、耐高温阀门和耐氢脆壳体设计等技术，满足加氢站、分布式氢燃料电池发电等小规模、分布式储氢输运需求
			成品油管道增输改质氨醇技术	处于工程测试应用阶段，目前我国液氨管道多为短距离点对点输送，总长不超过200千米，甲醇管道仅图为一条，运输距离52千米，年输送能力100万吨，成品油管道输氢、改输氨醇评估论证工作	解决成品油管道增输适应性评估、成品油管道顺序输送界面检测和混油控制等问题，满足绿色氢氨醇大规模输送需求，充分利用成品油管道富余输送能力，提高管网利用效率
（六）科技创新助力降低能源消费侧节能降碳	1. 钢铁行业	钢铁行业节能与能效提升技术	工艺界面衔接节能技术	处于工程示范应用阶段，在铁钢界面实现高炉-转炉界面匹配，铁水预处理率≥95%，采用智能化调度系统将运输等待时间缩短30%～45%	实现钢铁生产过程中主体工序工间物理界面衔接，工艺参数匹配及运行状态协调，提升生产流程的整体效率与稳定性
			余能余热综合利用技术	处于工程示范应用阶段，在终结环节已实现吨钢余热利用技术吨矿发电量超30度，在焦化节中通过干熄焦技术回收80%红焦显热发电	通过回收煤气/烟气余热发电、降低吨钢能耗，提高能源自给率，降低燃料成本，推动行业低碳发展
			新型电弧炉炼钢装备技术	处于工程样机试验阶段，实现吨钢电耗约为350千瓦时/吨，在焦化节中废钢比已接近100%	利用我国废钢资源实现钢铁循环利用，优化钢铁行业能源结构，降低铁矿石开采及长流程炼钢能源需求

续表

问题应对措施	技术领域	技术方向	技术路线	技术发展现状	技术发展需求
（六）科技创新助力能源消费侧节能降碳	1. 钢铁行业	钢铁行业能源及原料替代技术	氢基直接还原炼铁技术	处于工程示范应用阶段，全球首例120万吨氢冶金示范工程已在河北张家口实现投运	突破纯氢竖炉密封系统，熔融还原炉耐高温结构设计等难题，开发自主可控的智能化控制系统，提高核心反应器及关键部件的国产化水平，降低规模化应用成本
			富氢熔融还原炼铁技术	处于小规模示范试验阶段，我国富氢熔融还原炼铁技术已从技术引进转向自主创新与产业化实践，首个氢基熔融还原法冶炼高纯铸造生铁项目已实现投产	推进氢基熔融还原炼铁技术研发与中试验证，探索适用于低品位、共伴生铁矿石的冶金技术路径，降低钢铁行业碳排放
			闪速裂解炼铁技术	处于实验室研制阶段，已实现实验室级试验运行	需解决还原剂选择，炉体结构及耐火材料寿命等问题，可高效处理低品位杂矿石，减少对进口高品位矿石的依赖
			电解炼铁技术	处于小规模示范试验阶段，行业内已开展60℃条件下的电解炼铁技术试验	需突破电极材料，电解质设计及副反应控制等问题，可替代高炉焦炭工艺，利用低品位矿石及废料，充分利用绿电满足钢材需求
		钢铁行业碳捕集技术	钢铁行业碳捕集技术	处于工程示范应用阶段，我国钢铁行业首个碳捕集项目已在包钢启动	降低钢铁行业碳排放，为钢铁行业低碳转型发挥兜底保障作用

续表

问题应对措施	技术领域	技术方向	技术路线	技术发展现状	技术发展需求
（六）科技创新助力能源消费侧节能降碳	2. 化工行业	化工行业节能与能效提升技术	工艺过程节能与余热综合利用技术	处于工程示范应用阶段，联合余热回收装置系统热回收率超过 92%	需解决工艺余热资源分散、不稳定、输送难度大，回收技术复杂，系统集成难，材料耐受性差等技术问题，可提高能源利用效率，降低能耗与排放，减少资源浪费并推动循环经济
			高低低压蒸汽梯级利用技术	处于工程示范应用阶段，百万吨级煤化工装置已实现"高压驱动 + 中压供热 + 低压回收"全链路应用	需解决螺杆机效率提升等设备优化、减温减压等系统控制及材料耐大性等难题，提高能源利用率
			驰放气与余热余压等能量回收利用技术	处于工程示范应用阶段，项目实现驰放气综合利用率超过 85%	需解决低压气压低、气量小等驰放气回收技术难和热交换效率低、系统稳定性差、初始投资高等余热余压回收技术难点
			化工蒸馏中低温余热综合利用技术	处于工程示范应用阶段，余热利用率90% 以上；蒸汽压缩饱和温升可达 50 摄氏度；余热制取工质蒸汽绝对压力可达 2.0 兆帕（绝对压力）	需解决低温余热温度差异大、种类多，腐蚀困难、间歇性及同歇性供应等技术难点，可提高能量利用效率，提升能效水平
			化工产品联合生产工艺技术	处于工程示范应用阶段，与单一产品路线相比联产产率提升 10%～30%，原料利用率超过 95%	需解决工艺复杂性、多工序协同，设备维护及能耗控制等难点，可提升产品质量，降低能耗，推动绿色转型与可持续发展
			电加热锅炉技术	处于工程示范应用阶段，北欧、德国、日本等国家及地区已广泛应用于清洁供暖与工业蒸汽替代；我国正从集中供热、石化加热等小规模应用向下吨级工程示范拓展	需解决电流电压控制精度，蓄热式设备价格高等问题，并研究电加热锅炉与化工生产工艺适配性，发挥电阻炉高效节能、环保友及自动化控制等优势

续表

问题应对措施	技术领域	技术方向	技术路线	技术发展现状	技术发展需求
（六）科技创新助力能源消费侧能降碳	2.化工行业	化工行业能源及原料替代技术	氢能供汽供热技术	处于工程示范应用阶段，国际上氢燃烧锅炉热功率已达20兆瓦，配套绿氢装置与热水系统，可实现100%氢供热	需解决氢能储运成本高、安全风险大、储氢能耗高及材料要求严苛等问题，实现副产氢高值化利用
			适应新能源波动性的柔性化工生产装备技术	处于工程示范应用阶段，日调节能力达100兆瓦时，制氢装置可按新能源动态启动/停机	需适应新能源波动特性，推动电气化与低碳工艺融合，解决跨时间尺度动态调控、多目标优化及安全风险等技术难点，推动新能源高效化利用与化工生产韧性增强
			电加热蒸汽裂解制乙烯技术	处于工程示范应用阶段，巴斯夫德国路德维希港-在生产基地已投产电加热蒸汽裂解制乙烯示范装置	需满足化工过程高温需求，解决设备耐高温材料与能耗控制，跨时间尺度调控、多目标优化及安全风险等技术难点，推动新能源高效化转化与化工生产韧性增强
			绿氢耦合煤（石油）化工工艺	处于工程示范应用阶段，首个工业规模绿氢调合成气系统投入使用；新疆库车万吨级绿氢耦合炼化示范工程已投产，实现炼化环节的灰氢替代	显著降低碳排放强度，提高产品收率与能效，增强系统柔性，融合新能源消纳能力。绿解制氢对天然气/石脑油依赖，降低碳排放；实现负荷灵活调节
		化工行业碳捕集技术	化工行业碳捕集技术	处于工程示范应用阶段，国内已有捕集100万吨级的CCUS项目	降低化工行业碳排放，为化工行业低碳转型发挥兜底保障作用
			二氧化碳化工利用技术	处于工程示范应用阶段，甲醇合成反应效率超过85%，二氧化碳转化率超过95%	提高二氧化碳等产品的附加值，延长化工产业链，降低系统综合成本

续表

问题应对措施	技术领域	技术方向	技术路线	技术发展现状	技术发展需求
	2.化工行业	化工行业碳捕集技术	二氧化碳合成生物利用技术	处于实验室研究阶段，我国已掌握实验室二氧化碳直接合成蔗糖、淀粉等碳水化合物技术	需解决菌种代谢调控机制不明确、目标产物定向合成策略不完善，催化剂选择困难及产物纯度控制不足等技术难点，同时需优化发酵条件以提升转化效率
		水泥行业节能与能效提升技术	以窑系统改造为主的能效提升技术	处于推广应用阶段，当前围绕预热器、分解炉、磨机等开展的节能与能效提升技术已经具备推广应用条件	水泥生产工艺决定了其能效改造需从单一设备升级转向"智能装备＋精细管理"，需持续提高新型窑炉材料适配性，设备兼容性等工艺技术水平
（六）科技创新助力能源消费侧节能降碳	3.水泥行业	水泥行业能源替代技术	固体废物燃料、生物质燃料等燃料替代技术	处于推广应用阶段，水泥行业生产工艺燃料替代已基本成熟，主要存在可替代燃料不足等限制	需解决生物质能、工业废弃物等替代燃料供应不足问题，持续扩展新型替代燃料类型范围
			电极烧水泥、氢能煅烧等能源替代技术	处于实验室研究与测试阶段，正在围绕电弧煅烧炉等电极煅烧水泥技术研究	需变革水泥生产工艺流程，实现电极及氢能在水泥煅烧工艺中的燃料替代
		水泥行业碳捕集与利用技术	水泥行业碳捕集技术	处于工程示范阶段，我国已建成全球水泥行业最大的年产 20 万吨二氧化碳富集提纯纯示范项目	降低水泥行业碳排放，为水泥低碳转型发挥兜底保障作用
			水泥行业二氧化碳化碳利用技术	处于工程示范阶段，我国已建成多个二氧化碳养护建材利用项目	降低水泥行业碳排放，实现二氧化碳固定封存与资源化利用

续表

问题应对措施	技术领域	技术方向	技术路线	技术发展现状	技术发展需求
（六）科技创新助力能源消费侧节能降碳	4. 有色金属行业	有色金属行业节能与能效提升技术	铝电解节能低碳改造技术	处于推广应用阶段，部分先进技术吨铝电解能耗已经有望降低至1万千瓦时以下	需围绕电解槽结构优化、新材料应用与智能化控制等方面，向电解槽大型化、低能耗、长寿命方向发展，实现吨铝直流电耗持续降低
			有色金属能耗智能化控制技术	处于推广应用阶段，电解铝行业已部分实现控制系统智能化，提升能耗监测与工艺优化，降低吨铝电耗	有色金属生产存在系统复杂性与非线性特性，需生产过程中的实时性、稳定性要求较高
			固态铝电解技术	处于实验室研究与测试阶段，尚未实现工业应用	固态铝电解工艺使用熔盐电解质等导电高分子材料替代传统电解液，其能耗可降低至原铝生产工艺的一半以下，但工艺稳定性、抗过压碳化等问题仍有待解决
			非铝有色金属生产节能技术	非铝有色金属生产节能技术主要针对燃烧、冶炼、电解等各类工艺，短流程连续冶炼、铜阳极纯氧燃烧、高效湿法锌冶炼技术、锌精矿等大型化焙烧技术、大型低能耗电弧炉等部分工艺已实现工程示范应用	降低各工艺环节能量损耗，提高整体能效水平
			等离子体法冶炼等技术	处于工程示范阶段，国外已有相关公司应用于高熔点金属的冶炼	等离子体冶炼法技术是一利用高温等离子体对材料进行加热、熔融、反应和提纯的先进冶金工艺，需提高设备稳定性

续表

问题应对措施	技术领域	技术方向	技术路线	技术发展现状	技术发展需求
（六）科技创新助力能源消费侧能降碳	4. 有色金属行业	有色金属行业能源替代技术	柔性铝电解技术	处于实验室研究与测试阶段，当前已具备吨铝直流电耗小于12400千瓦时能耗水平	实现电解过程的低温、低电压、低分子比、低氧化铝浓度和高效率，适应新能源波动性
			电加热替代火法冶炼技术	处于工程示范阶段，当前技术以电磁感应加热、电内热竖式炉、电阻加热为核心，电阻加热具备能耗降低30%～50%潜力	电加热技术主要通过使用电能替代传统的燃烧过程，实现对金属的加热和冶炼，需要对材料耐蚀性提出更高要求，同时成本尚难以降低
			电熔炉替代燃油炉技术	处于工程示范阶段。已实现炉内气氛精确控制，高压熔盐电加热装置耐压10兆帕，耐温600摄氏度	电熔炉技术以电能替代传统燃料加热，需解决电极还原电导致电场畸变、温度场紊乱，并需改造现有热能系统及电力基础设施，辐射传热限制炉容积，仅适用于中小型设备
			大型低耗电弧炉技术	处于工程示范阶段，当前高效预热、智能控制等为核心	需解决熔化混合效率低、控制系统复杂、废钢预热技术要求高，主要解决废金属再利用，需解决原料成分与质量差异较大的问题
	5. 交通行业	道路交通领域	电动汽车及相关配套技术	处于推广应用阶段。2024年我国以电动汽车技术为主的新能源汽车渗透率已超过40%，充电网络及技术达到全球领先	电动汽车技术当前的难点主要在于提高电池能量密度以及极端工况条件下的安全性问题
			氢燃料电池汽车及相关配套技术	处于工程示范应用阶段，当前储氢技术、燃料电池耐久性与可靠性等方面存在瓶颈，我国储氢瓶以35兆帕为主，与国际上70兆帕储氢瓶具备成熟应用水平存在差距	当前我国在储氢技术、电堆技术与国际相比存在差距，攻克该问题可满足长途运输等多场景交通需求，为交通领域转型提供新型解决方案

续表

问题应对措施	技术领域	技术方向	技术路线	技术发展现状	技术发展需求
（六）科技创新助力能源消费侧节能降碳	5.交通行业	道路交通领域	甲醇、氨和电合成燃料的内燃机动力汽车技术	处于工程示范应用阶段，电合成燃料处于实验室研究与测试阶段，当前主要存在技术经济性问题	绿色甲醇、氨和电合成燃料技术可实现现有基础设施复用，降低纯电技术路线导致的资产搁浅
		轨道交通领域	高效电力机车技术	处于推广应用阶段，电力机车能效水平不断提升，当前技术正在向更高效率、更智能方向持续进步	电力机车技术对提升高轨道交通领域能源效率、降低交通领域碳排放意义显著
			氢燃料电池动力机车技术	处于样机制造阶段，全国首台商用氢能机车头已经实现试验运行	当前在储氢技术、燃料电池耐久性与可靠性等方面存在技术瓶颈，可为非电气化铁路提供零碳解决方案
		水运交通领域	绿色甲醇（氨）内燃机动力船舶技术	甲醇内燃机船舶处于推广应用阶段，已实现规模化生产应用，氨动力船舶处于样机制造阶段，全球首艘纯氨燃料内燃机动力示范船舶已实现成功首航	甲醇燃料船舶可作为中短期减碳主力，氨可作为航运业长期零碳战略选择，两者共同为航运业实现净零排放提供了关键技术选择
			电动船舶技术	处于工程示范应用阶段，当前主要受制于电池技术和充电基础设施限制	需解决电池能量密度和充电网络设施布局等问题，为短途或内河航运提供脱碳技术选择
			氢燃料电池动力船舶技术	处于样机制造阶段，当前全球氢动力船舶主要集中于小型客船、渡轮和工作船，续航能力较短	突破储氢密度、环境适应性及基础设施瓶颈后，有望成为内河航运主流动力，并为全球航运业提供可持续减排路径

续表

问题应对措施	技术领域	技术方向	技术路线	技术发展现状	技术发展需求
（六）科技创新助力能源消费侧节能降碳	5.交通行业	航空运输领域	可持续航空燃料技术	处于工程示范应用阶段，当前可持续航空燃料主要采用生物基原料，采用酯类和脂防酸加氢工艺，但仅占全球航空燃油产量的0.3%；采用电合成燃料可持续航空燃料技术处于实验室研究与测试阶段	可持续航空燃料是航空业脱碳的关键可行路径，但需突破原料、成本等瓶颈
			电动飞机技术	小型通用飞机处于示范应用阶段，但仅适用于300千米以内短途、长途民航电动飞机处于实验室研究与测试阶段	需解决电池高能量密度问题，为中短途航空提供低碳能源技术选择
			氢动力飞机技术	处于实验室研究与测试阶段，全球氢燃料电池处于研究与测试试飞	氢动力飞机为航空业脱碳提供了颇具前景的技术选择，但仍需解决储氢系统、动力效率、安全认证和基础设施等方面的问题
	6.建筑行业	建筑节能与能效提高技术	建筑隔热保温技术	处于推广应用阶段，正向多元化、高效化、绿色化发展，外墙外保温技术成熟，新型材料如气凝胶、真空绝热板及复合保温系统逐渐推广应用	需解决材料性能优化、施工工艺复杂性等难题，降低建筑能耗与碳排放，提升建筑舒适度与可持续性
			建筑余热回收利用技术	处于示范应用阶段，正通过新型热交换器、热泵及智能化系统提升效率，广泛应用于建筑供暖、空调供冷领域，降低能耗推动绿色建筑发展	需解决系统适应性差、技术复杂性高、集成难度不足等问题
			高效空调供暖/制冷技术	处于推广应用阶段，高效空调供暖/制冷技术正向智能化、节能化、环保化发展，同时结合可再生能源与智能能源控制提升能效	需解决制冷制热能力难以兼顾、系统能效低、设备选型与管路设计复杂等

续表

问题应对措施	技术领域	技术方向	技术路线	技术发展现状	技术发展需求
（六）科技创新助力能源消费侧节能降碳	6.建筑行业	建筑节能与能效提高技术	建筑蓄热/冷技术	处于示范应用阶段，当前以显热蓄热方式为主，潜热蓄热技术逐步成熟，相变材料逐步应用	需解决材料极端温度、高温腐蚀、成本等多重问题，满足冷热能量转化需求
			建筑能耗智能监测与优化控制技术	处于推广应用阶段，已具备实现能耗实时监测、预测与动态调控，风能等多能源协同管理	需解决能力传感器精度、海量数据处理调控等问题，多系统兼容性
		建筑用能替代技术	建筑光伏一体化技术	处于示范应用阶段，国内外建成了大量BIPV幕墙、屋面等示范工程，具备推广条件	解决建筑碳中和难题，充分利用建立面、遮阳等位置的太阳能资源，就地消纳光伏发电，符合绿色建筑、净零能耗建筑发展趋势
			高效地源（空气源）热泵技术	处于推广应用阶段，广泛应用于温室、多场景应用，集中供暖及大型建筑	需解决低温环境性能受限、结霜除霜，系统匹配复杂等问题，推动建筑用能低碳化
（七）科技创新助力能源多品种互济安全	1.化石能源转化替代技术		高效煤制油气技术	处于推广应用阶段，多个煤制油和煤制天然气示范项目已建成投产，技术流程基本打通，部分工艺（如间接液化）趋于成熟	需解决气化炉煤种适应性差、设备自主化率低，副产物处理复杂等问题，拉长煤炭产业链，提高油气自主保障水平
			煤炭原位多相流态化开采技术	处于前沿理论研究阶段，焦作煤田赵固一矿"实现复合流态化开采实现"液化－气化－微生物降解"三阶段联动探索	解决深部煤体多场耦合机制不明及极端环境装备失稳等问题，变革深部煤炭开采方式
			富油煤地下热解技术	处于先导性试验阶段，榆林大保当井田试验已成功提取煤焦油	解决煤层导热性差导致热效率低及焦油长距离输运堵塞问题，实现原位"取氢留碳"转化

续表

问题应对措施	技术领域	技术方向	技术路线	技术发展现状	技术发展需求
（七）科技创新助力能源多品种互济安全	1. 化石能源转化替代技术		煤炭地下气化	处于技术研发和示范初期阶段，新疆亚新集团实现国内首次地下 1000 米原位气化	解决深层气化区移动控制难及地下水污染风险高问题，实现亿立方米级"人工天然气"清洁生产
			高效低成本煤基特种燃料技术	处于中试验证阶段，已完成煤基纳米碳氢燃料研发、完成煤基特种燃料生产成套技术中试应用	通过创新工艺提升煤炭附加值，实现煤炭资源的清洁高效利用，促进产业转型升级。在燃油替代领域可减少对石油产品的依赖，拓展煤炭应用场景
	2. 绿色氢氨醇制备与利用技术		柔性新能源制氢氨醇一体化技术	处于工程示范应用阶段，我国已建成投产大安风光制绿氨合成氨一体化项目，采用柔性控制技术，负荷稳定在 30%～110% 范围内，可实现动态调节速率≥20%/分钟	开发风光制氢氨醇一体化全流程控制系统，开展一体化调度，集群控制技术本应用，增强合成氨（醇）的稳定性和上游风光的匹配性，破解风电波动性与合成氨生产稳定性的匹配难题
			生物质制备绿色甲醇技术	处于示范应用阶段，生物质制备绿色甲醇技术正处于起步阶段，洮南绿色甲醇一期 5 万吨项目已投产	需解决生物质原料供应不稳定、生物质气化效率低，焦油含量及合成气纯度难以控制等问题
（八）数字化智能化赋能新型能源体系建设	1. 数字化智能化底座支撑技术	面向新型能源体系的云边协同技术	能源专用的云边端人工智能协同架构	处于工程示范应用阶段，电网领域构建的云融合创新平台，可支撑行业人工智能电力灵活调度	解决能源系统云边端资源碎片化问题，提升云边端能力的协同能力，实现能源系统智能协同优化需求
			分布式任务协同调度技术	处于工程示范应用阶段，如南方电网构建的云边融合平台，可支持新能源设备/充电桩等建模监控与调度，市场化运作	解决算力/任务调度优化难题，实现资源均衡配置，提升突发任务处理能力，提升负载均衡度，提升突发任务处理能力

续表

问题应对措施	技术领域	技术方向	技术路线	技术发展现状	技术发展需求
（八）数字化智能化赋能新型能源体系建设	1. 数字化智能化底座支撑技术	面向新型能源体系的云边协同技术	边缘计算节点算力资源动态分配技术	处于工程示范阶段，基于人工智能的复杂电网调度决策系统，可实现边缘节点的点对点并行加速计算，驱动电网仿真大数据生成	解决能源系统数据回传处理延迟问题；识别边缘节点扰动以及降低边缘节点故障扩散风险，满足能源系统快速响应与故障自愈型算力调度需求
			基于大模型的多源异构资源治理与融合技术	处于工程示范阶段，如蚂蚁数科的能源电力时序大模型，突破多源异构数据超越融合瓶颈，光伏预测精度超越主流模型	提升能源领域大模型应用和性能能力
			能源调度运行多目标协同优化技术	处于推广应用阶段，中国电科院电力混合整数规划优化引擎多目标优化框架，可贯通电力、能源多系统，协同优化经济、环境目标	解决能源系统成本与效益平衡难题；通过高效快速优化能力，提升能源系统应对不足能力
		能源领域数字孪生应用技术	基于数字孪生的能源系统高精度建模技术	处于工程示范阶段，虚拟现实建模系统，可实现多尺度、参数优化、高精度模拟电网设施，仿真数据契合实际	提升能源数字孪生系统多尺度建模精度，实现全环节高保真仿真与协同优化需求
			基于虚实交互的能源运行实时调控技术	处于测试实验阶段，远程交互与仿真系统，可实现边远场站支撑专家会诊与技术支撑，推动边远地区域站运维的少人化	提升能源虚实交互仿真实时性能力，实现高可靠、强灵活的智能运维决策需求
			能源行业专用大模型技术	处于工程验证阶段，光明、瓦特、昆仑、盘古矿山等能源大模型已实现部署	解决大模型适配与泛化能力不足问题，探索低门槛、高兼容的多模态智能训练能力

续表

问题应对措施	技术领域	技术方向	技术路线	技术发展现状	技术发展需求
（八）数字化智能化赋能新型能源体系建设	1. 数字化智能化底座支撑技术	能源领域数字孪生应用技术	能源场景知识增强技术	处于推广应用阶段，如电力领域应用多模态知识检索增强技术融合电网知识数据，助力知识贯通与交易策略，负荷预测精度提升；油气勘探方向运用智能勘探与数据分析手段，推动目标识别优化与发现周期缩短	解决能源知识检索低效问题，实现能源领域智能诊断与精准决策的需求
	2. 能源装备互联互通技术	通感算一体化物联网技术	适配能源装备即插即用的边缘接入技术	处于推广应用阶段，如华为和南方电网研发的电鸿物联技术，实现智能终端与电力设备的即插即用	解决多类能源设备接入低效与数据互通难题，实现多类设备即插即用与无壁垒全环节协同的智能边缘生态
			通感算一体的能源物联网基础设施	处于实验室验证阶段，电网"5G+电网"应用（差动保护、虚拟电厂等）进入验证应用阶段，支撑配网自动化与新能源管理	解决能源物联网实时性与覆盖性短板，构建通信-感知融合体系，实现全环节数字化融合状态管控
		确定性异构网络通信技术	适配能源场景的时间敏感与高速可靠通信技术	处于工程示范应用阶段，如江苏未来网络的时间敏感网络实现纳秒级同步，微秒级时延、纳秒级抖动，在智慧矿山、大基地等场景试点应用	解决多能源场景低时延高可靠通信难题，构建时间敏感型网络，适配差异化需求并降低中断风险
	3. 终端能源装备智能化技术	能源装备智能感知与决策融合技术	作业工况动态识别及故障早期预警等技术	处于推广应用阶段，如国网安徽电力构建主配网一体故障感知平台，故障识别率已达95%	解决设备健康状态实时监测与故障精准预警难题，实现动态评估，快速响应与高准确率运维需求，降低运维成本

续表

问题应对措施	技术领域	技术方向	技术路线	技术发展现状	技术发展需求
（八）数字化智能化赋能新型能源体系建设	3. 终端能源装备智能化技术	具身智能终端与协同作业技术应用	多机器人协同与人机交互技术	处于工程示范阶段，已实现工业搬运／装配协同及物流仓配，人工智能路径优化，通信稳定性持续提升	解决能源领域机器人在危重环境工作与安全管控难题，实现能源特定场景高效、精准的自主作业需求
			轻量化具身智能平台技术	处于工程示范应用阶段，如中科视语在边缘设备显存占用较低，可适配能源边缘场景低算力场景需求	解决能源巡检安全与效率瓶颈，实现能源运维降本场景增效需求